U0211222

本书受浙江省提升地方高校办学水平专项资金项目
“互联网与管理变革交叉学科创新团队建设”资助出版

模拟现实服务的
虚拟服务技术继续使用意向研究

Research on the Continuing Acceptance of Virtualized Service Technology

项益鸣 著

前　言

随着互联网应用的不断深入，现实的服务不断被虚拟化的网络服务技术所替代，越来越多的虚拟服务提供商也在不断提供各种模拟现实服务的虚拟服务（如网络购物），虚拟服务市场的竞争愈演愈烈。因此，理解虚拟服务技术在多大程度上能被消费者中具有现实服务和虚拟服务使用经验的用户继续使用，对于提供虚拟服务的企业形成核心竞争力具有重要的意义。传统的研究聚焦于理解虚拟服务技术本身的技术性特征以及消费者本身的个体特征会如何影响消费者的技术采纳行为，而忽略了虚拟服务技术其本身的服务性特征以及其对现实服务的替代性作用，因此，在难以很好地解释技术性特征（如有用性、易用性）能够提供更加高效和有用的服务的背景下，个体为什么仍然不放弃现实的服务，而转向采纳模拟现实服务的虚拟服务技术。

因此，为了促进模拟现实服务的虚拟服务技术更好地被用户采纳，提升提供虚拟服务的企业的竞争力，本研究围绕"模拟现实服务的虚拟服务技术为什么会被继续使用"这一基本问题展开研究，力图打开此中作用机制的黑箱，深入剖析虚拟和现实一致性对技术采纳的重要影响。具体而言，本书逐层深入地探究了以下几个研究问题：

(1)模拟现实服务的虚拟服务技术的继续使用意向会受到现实服务和虚拟服务哪些方面差异的影响。

(2)现实服务和虚拟服务的这些差异如何影响个体对体验满意的认知，并最终影响个体对相关技术的继续使用。

(3)技术性特征（如娱乐性、有用性和易用性）如何改变现实服务和虚拟服务差异对个体体验满意的认知以及继续使用的意向。

为解决上述问题，本书通过三个子研究逐层深入进行论述。

子研究一在现有理论研究的基础上，利用推理性归纳的手段理解现有研究中存在的问题，构建起本研究的独特的构念，这些构念将有助于理解为什么模拟现实服务的虚拟服务技术和传统的工具性技术以及娱乐性技术存在差别。具体而言，根据模拟现实服务的虚拟服务技术本身的服务性特征，通过结合期望确认理论、动机理论和传统的服务价值的体现形式以及虚拟服务的价值体现的形式的对比以及个体行为习惯的对比，构建了虚拟和现实一致性理论用以解释模拟现实服务的虚拟服务技术的继续使用的过程。即体验的一致性、习惯的一致性以及功能价值的一致性是解释个体继续使用模拟现实服务的虚拟服务技术的重要影响因素。

子研究二在子研究一梳理的独特构念的基础上，通过整合 ECM-IT 理论、动机理论理解为什么虚拟和现实体验的一致性会影响个体的体验满意度以及个体的技术采纳行为。研究收集了 733 份存在同时使用现实服务和模拟现实服务的虚拟服务技术的个人的样本，通过对相关样本的验证性因子分析和探索性因子分析，提炼出了体验的一致性差异、习惯的一致性差异以及功能价值的一致性差异等构念的量表，并验证了基于虚拟和现实一致性理论的虚拟服务技术继续使用模型。

子研究三主要基于本研究构建的虚拟和现实一致性理论以及技术的特征性因素，理解技术本身的技术性特征如何改变虚拟和现实一致性对体验满意的影响，并最终影响个体对模拟现实服务的虚拟服务技术的继续使用行为。

通过上述研究工作，本书得出如下主要结论：

(1)模拟现实的虚拟服务技术的继续使用过程不仅仅需要考虑相关虚拟服务技术的技术性特征，对于其服务性特征的考察是理解这一服务技术被个体继续使用的重要影响因素。具体而言，模拟现实服务的虚拟服务技术不仅仅需要提升技术性特征，通过提升虚拟服务和现实服务体验价值的一致性、习惯的一致性以及功能价值的一致性，个体就可能获得更高的满意度，进而提升个体对相关技术的继续使用的可能性。

(2)虚拟服务和现实服务体验价值的一致性、习惯的一致性以及功能价值的一致性对于个体对一项模拟现实服务的虚拟服务技术的使用满意程度以及继续采纳意向存在正向影响。

(3)技术性特征也能够有效地改变服务性特征及个人满意和技术采纳之间的关系。这说明相比于现实的服务而言，这种模拟现实服务的虚拟服务技术能够让用户感受和体验到不同的服务价值。如对于不同的用户而言，技术本身的娱乐性特征可能会对现实的体验和习惯形成产生替代，这在一定程度上源于基于技术的娱乐性源泉和现实的娱乐性源泉都产生于必要的体验过程，但其产生的源泉和方式却存在差别。如基于虚拟的服务的娱乐性价值可能来源于对技术本身的沉浸感，而基于现实的服务的娱乐体验则更多的来源于人和人的互动、交流等。这种来源的差异以及产生过程的相似性使得个体在获得基于现实的虚拟服务技术的体验可能替代现实服务所获得的体验。即由于产生的娱乐性特征是不同的，个体在虚拟服务本身的体验和习惯的一致性上虽然不能和现实保持高度一致，但这种独特的娱乐性能够为个体提供比现实更高的价值认知，从而对现实的服务体验和习惯产生一定的替代。

纵观全文，围绕着“模拟现实服务的虚拟服务技术为什么会被继续使用”这一基本问题，本书主要在以下三个方面进行了创新性研究：

(1)创新性地提出模拟现实服务的虚拟服务技术本身服务性特征的重要性，通过研究虚拟服务技术本身服务性特征的影响将有助于理解在技术发展达到一定瓶颈后，如何更加有效地改变服务以推动相关虚拟服务技术的采纳。

(2)基于 ECM-IT 理论以及动机理论提出了虚拟服务和现实服务体验的一致性、习惯的一致性以及功能价值的一致性构念，通过构建虚拟和现实一致性理论来解释模拟现实服务的虚拟技术的继续使用行为。

(3)通过分析技术性特征如何影响虚拟和现实一致性对个体满意和继续使用意向的影响，有助于理解技术性特征会如何弥补和改变虚拟服务技术本身在服务性特征上的不足，进而为未来在技术开发的发展方向上提供必要的理论指导。

研究结果对于模拟现实服务的虚拟服务技术的采纳具有非常重要的理论指导价值。研究提出的虚拟和现实一致性理论非常好地解释了虚拟服务技术发展的趋势以及在发展中面临的挑战，将能够有效推动模拟现实服务的虚拟服务技术在消费者中推广。同时，本研究基于虚拟服务技术本身的服务性特征提出虚拟和现实一致性理论对未来研究虚拟和现实存在哪些方面的重要差异具有基础性的指导价值。

目　录

1 绪 论

本章主要对本书内容的总体进行介绍。第一节分析模拟现实服务的虚拟服务技术继续使用行为的现实和理论背景;第二节在界定本研究的范围之后提出本研究需要研究的几个科学问题,并说明其相应的研究意义;第三节在研究问题的基础上对本研究的工作步骤及本书结构分别进行介绍;第四节对本研究各个研究问题所采用的研究方法进行相应的介绍;第五节明确本研究的创新点,说明本研究对于理论拓展的价值。

1.1 研究背景

1.1.1 现实背景

1.1.1.1 网络服务经济的蓬勃发展

网络服务经济主要是指基于网络的生产服务提供方式,如电子商务、电子支付、电子营销等。网络服务经济的兴起对于传统经济而言,是重要的补充,也是经济发展过程中的重要变革。基于其本身的特性以及服务提供方式的基础,网络服务经济被定义为"在全球各地广泛的商业贸易活动中,在互联网开放的网络环境下,基于浏览器/服务器应用方式,买卖双方不谋面地进行各种商贸活动,实现消费者的网上购物、商户之间的网上交易和在线电子支付,以及各种商务活动、交易活动、金融活动和相关的综合服务活动的一种新型的商业运营模式"。

基于信息技术的网络服务经济,改变了传统市场的时间和空间的概念,突破时空的限制,拓展了市场的空间范围,有效降低企业交易成本。通过网络这个无距离、无边界的虚拟空间,大大拓展了服务市场的空间范围;并且网络是 24 小时开放的，交易双方不受时间的制约。传统的专业服务市场在空间上是有边界的，在时间上是间断的，受到实体空间和时间的制约；而电子商务市场的空间是无边界的，同时在时间上也是连续的，不受时空制约。网络服务经济改变了传统专业市场的信息传递方式，通过网络这个无形载体，特别是通过各专业门户网站，突破时空限制，把生产者和消费者、上游部门和下游部门、供应商和用户、发货方和收货方相互联系在一起，并减少了信息传递的环节，使信息集聚和扩散更加便捷和有效率。

信息技术改变了传统的交易方式，如基于网络的电子商务大量使用电子交易系统、电子合同、电子结算、电子目录、电子广告等各种手段，在商品交易形式上，通过网上的互通信息和交易谈判，买卖双方就可以直接达成交易，减少了销售的环节。并且，这种交易可以使买卖双方有更大的时空选择，交易效率更高。改变了市场交易的成本，突破时空限制，交易技术、交易方式和信息传递方式的改进，使双方搜索、谈判、实施交易速度变得更快，成本更低。随着计算机网络技术的发展，银行网上结算系统和现代物流系统以及相关信用体系、法律等配套设施的改进，基于电子商务的交易成本越来越低。对于一个企业来说，电子商务模式与传统交易相比，没有地域限制，不受渠道制约，可降低 16%的总成本。

近年来，基于网络服务的商务类应用在中国保持较高的发展速度。商务类应用的高速发展与支付、物流的完善以及整体环境的推动有密切关系。首先，电商企业开始从“价格驱动”转向“服务驱动”，企业从单纯的价格战转向服务竞争，提升了网络购物的消费体验；其次，整体应用环境的优化，如网络安全环境的改善，移动支付、比价搜索等的应用发展，为网络购物创造更为便利的条件。网上支付用户规模的快速增长主要基于以下三个原因：第一，网民在互联网领域的商务类应用的增长直接推动网上支付的发展。第二，多种平台对于支付功能的引入拓展了支付渠道。第三，线下经济与网上支付的结合更加深入，促使用户付费方式转变。例如：用支付宝支付打车费用等。最后，网络购物法规的逐步完善。2013 年，我国加快了网络零售市场的立法进程，新《消费者权益保护法》将网络购物相关的个人信息保护、追溯责任等内容纳入其中，保障了消费者网络购物的基本权益。

1.1.1.2 实体服务虚拟化趋势明显

实体服务的虚拟化主要是指传统的通过线下的人工服务转向基于线上

的人工和机器结合的虚拟化服务模式。随着虚拟服务经济的发展，传统的实体服务业也在发生重大的变化，可以说虚拟经济不仅仅催生了新的生产生活方式，同时其对传统的服务行业也存在重大的替代和补充。总体而言，互联网与传统经济结合越加紧密，如购物、物流、支付乃至金融等方面均有良好应用，实体服务虚拟化的趋势明显。

如电子商务作为实体经济销售服务虚拟化的一种表现形式，已经成为一种重要的生活方式。中商产业研究院的研究报告显示，网络购物已成为人们日常生活不可或缺的一部分。数据显示，2015－2017 年中国网络购物市场规模从 3.7 万亿元增长至 2017 年的 6.3 万亿元，随着红利的逐渐下降，市场规模增速有所回升。随着网络购物市场线上线下融合，行业稳定发展，预计 2018 年中国网络购物市场交易规模将达到 7.7 万亿元，2020 年中国网络市场规模将突破 10 万亿元(见图 1.1)。

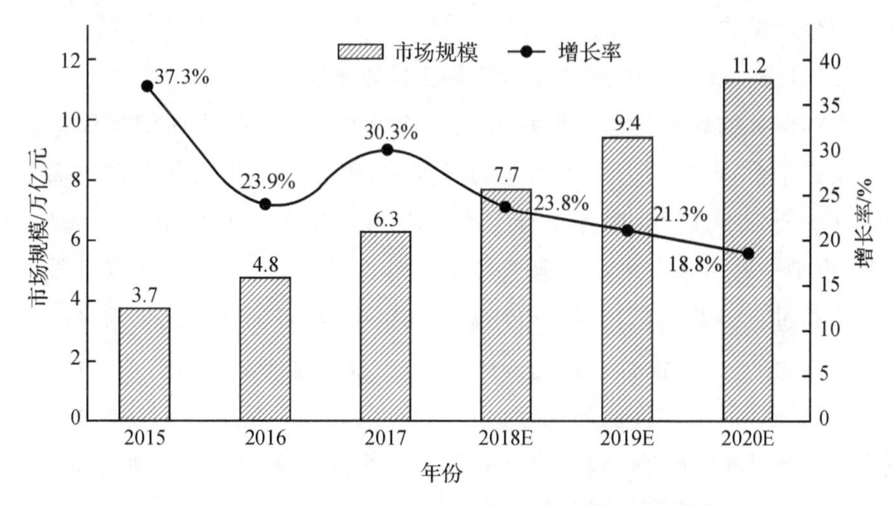

图 1.1 2015－2020 年中国网络购物市场交易规模[①]

在信息技术全面发展的今天，传统零售业和传统服务业全面拥抱商务电子化，移动商务、移动支付、大数据、云计算等将进一步加速这一进程。电子商务在一些互联网市场发展比较成熟的国家已经形成绝对主流，例如德国、英国和美国分别高达 78％、76％和 72％。中国政府也高度重视电子商务的

①网络购物市场交易规模是以实物产品销售为主营业务的平台电商与自主销售时电商 GMV 之和，包括实际成交的实物和虚拟产品 GMV、营业税(或增值税)及未支付和退货等未成交订单 GMV。数据由电商产业研究院 2018 年发布。

发展，2012年将其纳入政府"十二五规划"，制定并发布了《电子商务"十二五"发展规划》，持续推进我国电子商务的发展。

虚拟经济的发展不仅仅对传统的零售和服务业带来变革，对于传统的制造部门的生产销售也带来很大的推动。中国互联网服务中心的调查显示，截至2013年12月，全国开展在线销售的企业比例为23.5%。部分重点行业中，制造业、批发和零售业的比例相对较高，分别达到27.6%和25.3%。受行业产品特点影响，房地产业、居民服务和其他服务业的在线销售开展比例较低。而到2013年12月，全国开展在线采购的企业比例为26.8%。部分重点行业中，仍以制造业、批发和零售业开展在线采购的比例相对较高，分别达30.6%与28.8%；房地产业、居民服务和其他服务业的使用率仍然偏低。总体来看，过去一年中，各重点行业企业开展在线采购的比例均超过了在线销售。总体而言，基于互联网的虚拟服务在一定程度上替代了传统的线下实体服务的生产模式。

1.1.1.3 虚拟化服务对实体服务替代的瓶颈

实体服务的虚拟化在一定程度上为传统产业和新兴产业的发展提供了新的发展平台，但在这一巨大变化的过程中，服务虚拟化也存在多方面的问题。这主要源于虚拟化服务本身的特性，它在一定程度上而言不仅仅是一种服务，也是一种新兴技术。从服务经济本身而言，消费者更加注重于服务本身的体验过程。尤其是在现代市场营销实践中，随着消费者收入水平的提高和消费观念的改变，消费者在选购产品时，不仅注意产品本身价值的高低，而且更加重视产品附加价值的大小。特别是在同类产品质量与性质大体相同或类似的情况下，企业向顾客提供的附加服务越完备，产品的附加价值越大，顾客从中获得的实际利益就越大，从而购买的总价值也越大；反之，则越小。相关的研究也表明，即使产品本身质量没有达到一定的标准，通过提供完善的售后服务也能在一定程度上改变消费者对于产品的认知。因此，在提供优质产品的同时，向消费者提供完善的服务，已成为现代企业市场竞争的新焦点。而在虚拟化这一服务的过程中，传统的体验方式可能随着这一虚拟化的过程而改变。尤其是对于服务经济而言，由于服务的产品内容上和其他竞争者存在众多的相似性，有效提升线上服务经济的现实体验将大大提升其线上产品的竞争力。

因此尤其是在存在线上和线下多个生产服务提供商的背景下，基于网络的服务不仅仅是一种新兴技术的体验，同时还是一种虚拟服务技术的体验。对传统基于线下的服务提供商而言，基于互联网的虚拟服务提供将是一种新兴技术体验以及产品服务体验的组合，这种组合需要网络技术本身的支撑，同时更加需要生产商能够理解传统服务体验局限以及长处。新兴技术本身的接纳可能一方面受制于技术本身的特性，另一方面需要在提供网络虚拟服务的过程中将潜在的需求进行发掘、强化和拓展，把传统服务中存在的不足在虚拟网络中进行优化，尽量减少虚拟网络带给个体服务体验的非真实感。

总体而言，虚拟服务不仅仅在技术上和现实服务存在差距，同时在服务竞争中也存在差距，由于近年来整体产业的发展相对良好、具有很高的开放度和自由度，进入壁垒相对较低，因此，不同的服务提供商还面临大范围同业替代者的竞争的威胁，这种威胁不仅仅来自线上的服务提供商，同时也可能来自线下的服务提供商。因此，理解这种虚拟服务提供商在多大程度上能被消费者接受，不仅仅对于现实服务虚拟化存在重要的借鉴意义，同时对于提供虚拟服务的企业形成本身的核心竞争力具有重要的基础价值。因此，本研究把模拟现实服务的虚拟服务技术定义为那些把现实服务过程和内容虚拟化并通过网络提供相关服务过程和内容的方法和技术。如传统的销售转为线上的销售模式，这种从线下转向线上的销售模式就是一种模拟现实服务的虚拟服务技术的典型。

由于存在竞争和服务替代性，个体是不是会继续使用一项服务，很大程度上取决于个体对两类服务的体验结果，在这样的情况下，个体是不是继续使用一项服务取决于这项服务的初次体验和竞争性产品的体验的对比，而继续使用将是决定个体能够长期接受和采纳相关服务的前提。

1.1.2 理论背景

在信息技术不断发展并不断提供新的生产力的背景下，研究如何能够让用户有效地接受信息技术，并利用信息技术替代人类的劳动具有积极的实践价值。在这样的背景下，从 20 世纪 80 年代开始，国外的学者一直致力于研究如何能够让用户有效地接受工具性的信息技术，这种工具性的信息技术主要体现为在企业生产中的利用(Davis，1989；Davis et al.，1989；Venkatesh & Davis，2000；Lee et al.，2003；Legris et al.，2003；Venkatesh et al.，2003；Straub & Burton Jones，2007；Venkatesh et al.，2007；Venkateshet al.，2008)；而过去 10 余年间，它也受到国内学者越来越多的关注和重视(刘文雯等,2005;鲁耀斌等,2005;陈文波等,2006;鲁耀斌等,2006;王玮,2007;闵庆飞等,2008;张楠等,2007)。随着技术的进步,信息技术不断地融入人们的生活和生产,传统的基于工具性信息技术接受的研究理论对于现有的新兴技术如何被用户所接受正在接受新的挑战。

1.1.2.1 信息技术接受理论不断拓展融合

在信息技术接受研究的早期,工具性信息技术接受研究一直是信息系统领域的研究热点,自提出技术接受模型以来,整个研究发展的20余年间,涌现了大量的理论模型,包括基于技术接受模型1拓展的技术接受模型2(Venkatesh & Davis,2000),技术接受模型3(Venkatesh et al.,2008)等。随着相关模型的发展和拓展,新的理论如理性行为理论(Fishbein & Ajzen,1975)、计划行为理论(Ajzen,1991)、社会认知理论(Compeau & Higgins,1995a,1995b; Compeau et al.,1999)以及创新扩散理论(Tornatzky & Klein,1982;Rogers,1983;Moore & Benbasat,1991;Rogers,1995)都被不断地引入信息技术接受的理论模型。

事实上,随着信息技术的发展,现有的信息技术接受模型也在不断地接受挑战,这使得原有的技术接受的研究学者不得不重新思考相关模型在特定背景下的适用性以及拓展的必要性。如Hubona & Cheney(1994)比较了TAM(Technology Acceptance Model,技术接受模型)和TPB(Theory of Planned Behavior,计划行为理论),发现TAM理论模型在实证上的解释力稍好于TPB,并且比TPB要简单。Taylor & Todd(1995b)将TAM和TPB和综合发展成的新模型DTPB进行比较,经实证检验发现DTPM模型在信息技术接受的结果变量解释度上分别大于TAM和TPB。Venkatesh et al.(2003)通过比较并综合集成了理性行为理论、技术接受模型、动机模型、计划行为理论、整合技术接受和计划行为理论、个人计算机使用模型、创新扩展理论、社会认知理论等八大理论建立了整合性技术接受与使用模型,用以综合解释工具性的信息系统被接受的相关理论因素(Venkatesh et al.,2003)。这种基于新的理论模型的综合解释的发展只是研究拓展的一个方面,其他的研究学者发现,传统的工具性的信息系统与娱乐性的信息系统可能存在新的差异,如为解释影响消费者虚拟商店的使用因素,Chen et al.(2002)整合了TAM和IDT模型,用以解释消费者采纳相关技术的行为。Zhang et al.(2008)则综合了TAM和IDT理论,用以说明个人电子邮件使用环境下会如何改变个体对技术接受使用模式。这一拓展使得原有的研究学者认识到TAM模型本身在适用场景上的不足及其局限性。Van der Heijden(2004)的研究则显示,相比于工具性的信息技术的接受,娱乐性的信息技术在娱乐性以及易用性上比有用性具有更高的使用意向的预测能力,这在一定程度上说明了娱乐性信息技术本身和工具性技术的差异。在此基础上,Venkatesh, Thong & Xu(2012)整合了工具性信息系统的特征和娱乐性信息系统的特征,在原有的整合性技术接受与使用模型(UTAUT)提出了整合性技术接受与使用模型2(UTAUT2),在这个模型中,他们重点强调了娱乐性动机、个体的习惯以及价格质量在娱乐性信息系统中的重要性。

虽然现有的研究从单纯的工具性的信息技术的接受向工具和娱乐性综合的模型发展。但随着信息技术的发展,在新的信息技术的特征不断被发掘的过程中,人们发现现有的信息技术接受模型在解释新的技术场景的时候仍然有待拓展,如在现有的网络技术不断发展的背景下,传统的实体服务不断向虚拟服务转化的过程中,这种虚拟性的服务技术在多大程度上能被个体所接受,不仅仅需要考虑虚拟技术本身的特性因素,同时还需要考虑服务本身的因素(Verhagen et al.,2012; Goel et al.,2013)。

1.1.2.2 模拟现实服务的信息技术的接受研究有待拓展

模拟现实服务的虚拟服务技术的应用,大大提升了传统服务市场的发展,如基于网络的销售在一定程度上替代了现实的销售服务。但近几年来,大量网上零售商的破产使得人们对商家消费者网上销售模式(B2C)的过度乐观的期望有所降低。就目前而言,B2C电子商务还处于发展的成长期,传统销售渠道仍具有明显的优势,这种优势事实上在一定程度上来源于服务本身的特性,以及新兴技术对于虚拟服务技术应用的不足。虽然基于网络的虚拟服务如电子商务的发展显示出信息技术能够克服时间和空间上的障碍为消费者提供更好的服务——大量的产品信息、专家建议、定制化服务、快速的订单过程和电子产品的快速交付等。但同时也存在着很多挑战,尤其是在网站界面设计以及消费者个人信息的保护上。采用技术接受模型对虚拟服务的网络技术进行研究,消费者在接受和使用相关技术的过程中,更加需要理解这是一个接受服务的过程。这和传统的技术接受模型存在本质的差别。

现有的最新的综合性的信息技术接受模型认为除了传统的易用性、有用性以外,娱乐性、习惯以及价格质量比是娱乐性和功能性信息技术成功的关键。对娱乐性信息技术本身的研究也显示，娱乐性和易用性会有更高的决定性作用。对于这些研究而言，技术本身的特性以及使用者本身的特征将在很大程度上决定信息技术接受的可能(Van der Heijden，2004；Venkatesh，et al.，2012)。相比于这些功能性和具有功能性的娱乐性技术的研究，对纯粹的虚拟服务的娱乐性技术的研究则表明，对这种虚拟性的服务技术的接受很大程度上取决于虚拟服务给人提供的一种沉浸感，这种沉浸感来源于现实世界的模拟如人机的、人人的、多维的信息交互、网络场景的设定、虚拟世界的使用经历等(Saunders et al.，2011)。相比于纯粹的基于网络的虚拟服务，这种模拟现实服务的虚拟服务系统存在一定的差异，如这种模拟现实服务的服务系统在一定程度上是现实实践生产的虚拟化，这种服务系统需要利用现实物质来作为虚拟世界的服务媒介。因此，和纯粹的虚拟服务系统相比，在服务内容和方式上都可能存在本质的区别。总体而言，现有的研究如传统的技术接受模型并未很好地将模拟现实服务的虚拟服务技术的服务特性融入相关的研究背景中，而对于虚拟服务的技术接受模式则更加注重虚拟世界中个体的体验本质，未将模拟现实服务的信息技术本身具有现实参与和体验的特性融入相关模型。这意味着模拟现实服务的信息技术的接受不仅仅需要考虑技术本身的特性，还需要考虑服务本身的特性，尤其需要考虑虚拟服务和现实服务的差别。

1.1.2.3 在竞争性背景下产品满意作为技术接受前置的重要性

传统的技术接受理论主要聚焦于不存在竞争性技术或者替代者背景下的技术接受的研究。但和现实比较来看，这种设定场景存在很大的偏误，尤其是在信息技术不断发展的背景下，技术的模仿变得越来越容易，因此这种忽略替代者的场景将受到学界的质疑。而作为现实服务技术的一种虚拟化的模式，虚拟服务不仅仅受到同业的网络产业的竞争者的竞争，同时也将受到现实服务产业的竞争压力。

在存在替代者和竞争的背景下，个体本身的使用意向很大程度上来源于使用结果的比较(Thong et al.，2006)。这在传统的技术接受模型中被定义为用户的体验差距。这一思想最早源于期望确认理论，期望确认理论是Festinger 在 1954 年提出的认知不一致理论(Cognitive Dissonance Theory)发展出来的。认知不一致理论(CDT)认为当人们的认知和现实情况存在一致性差异时，人们就会调整随后的认知和行为。Oliver(1980)在 CDT 的基础上提出了 ECT,ECT 认为客户重复购买或者使用一件物品和他们过去的使用经历紧密相关,如果使用的满意程度相对较高,那么个体会更加倾向于去继续使用给他带来高满意度的产品或者服务。这一理论认为满意由预期(expectation)和期望未证实程度(disconfirmation)所决定(Oliver,1980)。Oliver(1993)将该理论用在了汽车产品的重复购买和营销专业的必修课程的连续出席研究中,证实了该理论的有效性。Churchill & Surprenant (1982)则通过实验研究发现对于不同类别的产品,影响客户满意的因素不尽相同。他的研究表明,对于非耐用品,客户购买前的绩效预期和体验差距是影响客户满意的主要因素,而对于耐用品来说,只有用户使用后的绩效体验对用户满意有影响。Thong et al. (2006)以移动网络用户为样本,基于 ECM-IT 模型讨论了感知有用性、感知易用性、感知娱乐性、用户体验差距、用户满意对继续使用意向的影响,并通过实证研究证实了感知有用性、感知易用性、感知娱乐性既会对用户的继续使用意向产生直接的影响,又会受到满意的中介作用对继续使用意向产生间接的影响。而用户的体验差距则是通过感知有用性、感知易用性、感知娱乐性和用户满意的中介作用对继续使用意向产生影响。

因此,在存在比较的背景下,用户对一个产品的使用满意度高低直接决定个体是否会采用相关产品,而这种满意度的形成来自于自身使用经历的对比。而对于模拟现实服务的虚拟服务技术而言,这种对比可能来自于现实的经历,这与传统的仅仅基于虚拟服务系统的多阶段的使用经历的对比会存在一定的差别(盛玲玲,2008)。

1.2 问题的提出

无论是早期的基于工具性的技术接受理论还是现有的基于娱乐性的技术接受模型,都在一定程度上忽略了模拟现实服务的虚拟服务技术本身这种技术型特征以及服务性特征的组合。而随着信息技术的不断发展,这种技术被越来越广泛地运用到生产运营中去,因此,理解这一技术被接受的过程将有助于未来模拟现实服务的虚拟服务技术的开发以及进一步满足生产生活中的需求。而对于理解这一技术被接受的过程,本研究主要聚焦于以下几方面的研究问题:

(1)模拟现实服务的虚拟服务技术的继续使用意向会受到现实服务和虚拟服务哪些方面差异的影响?

(2)现实服务和虚拟服务的这些差异如何影响个体对体验满意的认知,并最终影响个体对虚拟服务技术的继续使用?

(3)相关技术的技术性特征(如娱乐性、有用性、易用性)如何改变现实服务和虚拟服务的差异对个体体验满意的认知?

1.3 研究内容与结构安排

1.3.1 研究对象界定

本研究的研究对象主要聚焦于模拟现实服务的虚拟服务技术。所谓模拟现实的虚拟服务技术主要是指在现实的生产生活中存在的服务过程和内容被虚拟化,并通过网络技术来进行对应服务的技术过程。如网络的销售就是把现实中的销售通过信息技术虚拟化的形式来进行销售服务。选择这一类技术使用者作为本研究的主要研究对象,主要由本研究的特性所决定,模拟现实服务的虚拟服务技术需要个体在现实的使用经历,同时又要在网络虚拟的使用经历,只有当个体具有多方面的使用经历后,才符合本研究的一个基本理论出发点的设定。

1.3.2 技术路线

本研究从技术接受理论入手,以理解虚拟和现实认知一致性以及体验满意程度为导向,解释了在现实的服务被虚拟化后,现实体验和虚拟体验的一致性差异会如何影响个体对体验满意度的认知。而这种认知又会如何受到虚拟服务本身的技术性特征如有用性、易用性以及娱乐性等特征的影响,本研究主要从以下几个方面的研究来解构我们所面临的研究问题,具体来讲,包含以下三方面的研究内容(见图 1.2)。

子研究一在现有理论研究的基础上,利用推理性归纳的手段理解现有研究中存在的问题。同时基于现有的研究问题,构建起本研究的独特的构念,这些构念将有助于理解为什么模拟现实服务的虚拟服务技术和传统的工具性技术以及娱乐性技术存在差别。

子研究二在子研究一梳理的独特构念的基础上,通过整合 ECM-IT 理

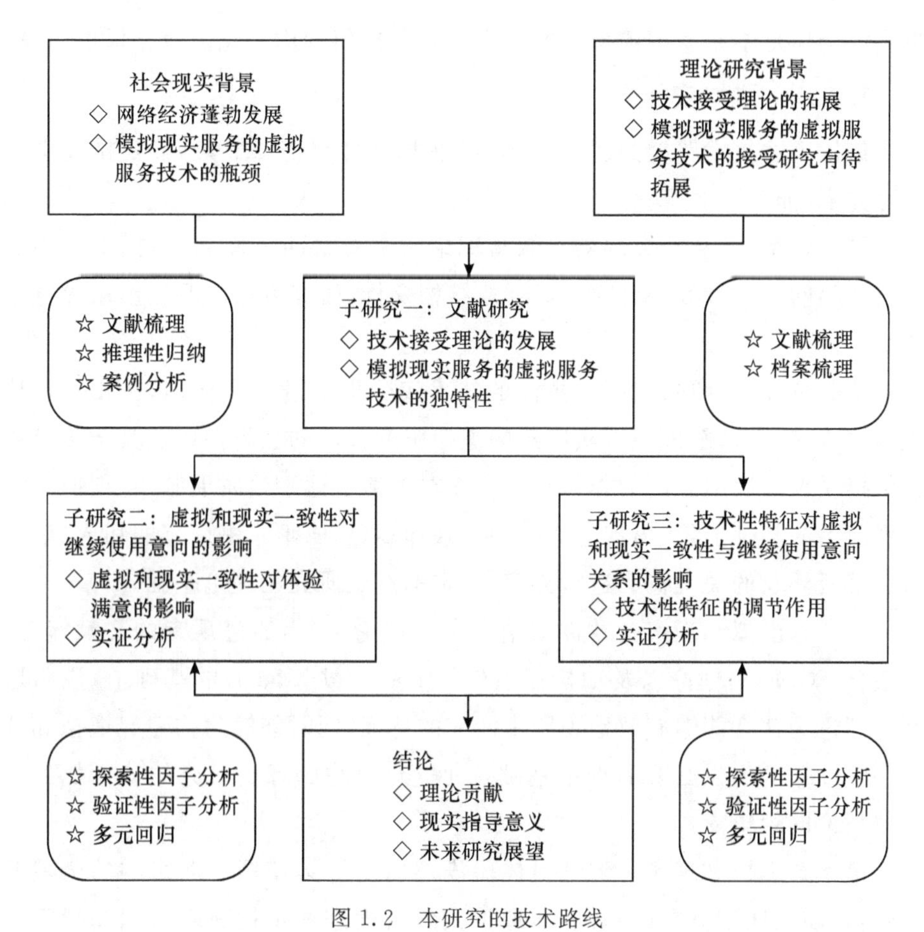

图 1.2 本研究的技术路线

论、动机理论(Motivational Model)理解为什么虚拟和现实体验的一致性会影响个体的体验满意度以及个体的继续使用意向。并通过问卷发放和数据分析,验证基于虚拟和现实一致性理论的技术接受模型。

子研究三主要基于本研究构建的虚拟和现实一致性理论以及技术的特征性因素,理解技术本身的特征会如何改变个体对于虚拟和现实一致性对体验满意的影响,并最终影响个体对模拟现实服务的虚拟服务技术的继续使用行为。

由此,通过最初的 TAM 理论模型的分析,以及模拟现实服务的虚拟服务技术的特征的理解,将构建起一个虚拟和现实一致性理论,用以解释模拟现实服务的虚拟服务技术在社会生产系统中被接受的过程。和以往的信息技术接受模型不同,本研究重点关注虚拟服务和现实服务的差异,这种差异将决定个体是不是采用虚拟化的服务或者选择何种虚拟化的服务提供商等。

1.3.3 结构安排

依据上述技术路线的逻辑安排，本书共分为八个章节，章节安排及主要内容如下(如图1.3所示)。

第1章绪论：从社会现实背景与理论研究背景两方面出发，提出本书所要研究的问题，并对本书的技术路线、结构安排、研究方法以及创新点等进行介绍。

第2章文献综述：主要对主流的技术接受理论进行了梳理，在相关理论梳理的背景下，理解模拟现实服务的虚拟服务技术的独特性以及其与传统的技术接受理论模型之间的连接点。从而在理清上述理论发展脉络、把握研究发展前沿的基础上，找出现有研究的空缺和不足，明晰本书研究的切入点，并对本书所涉及的关键概念进行界定，为本书奠定研究的理论基础。

第3章虚拟和现实一致性理论提出的理论基础：通过现有的文献梳理，在整合ECM-IT理论以及动机模型(Motivational Model)的基础上，说明这两个理论为什么能够有效地说明本研究的特征，同时能够为构建起虚拟和现实一致性理论提供必要的理论基础。通过对以往的理论研究的分析找到了相关理论的逻辑支撑。

第4章虚拟和现实一致性对体验满意以及继续使用意向影响的全模型构建：在前期理论分析的基础上，通过文献梳理进一步构建起虚拟和现实一致性对体验满意以及继续使用意向影响的作用机制模型，同时加入技术的功能性特征如易用性、有用性以及娱乐性以理解这些技术性特征会如何改变个体对体验满意以及继续使用意向的影响。

第5章研究方法：在不断整理和归纳现有研究和定义的基础上开发出本研究需要的量表测度方式，利用探索性因子分析和验证性因子分析说明本研究量表的有效性。

第6章虚拟和现实一致性对个体满意、继续使用意向影响的实证研究：在第4章理论开发的基础上，进一步对虚拟和现实一致性对个体满意、继续使用意向影响的直接关系进行统计验证。

第7章技术特征对虚拟和现实一致性影响的实证研究：利用问卷统计的方法，验证技术特征对虚拟和现实一致性与个体满意、继续使用意向的作用机制，进一步明晰了虚拟和现实一致性理论本身的作用机理以及作用背景。

第 8 章研究结论、局限与展望：对本书的重要研究结论进行总结；阐述了本研究的理论贡献及其存在的实践指导价值；分析研究中存在的不足及有待改进和进一步深入研究的方向，为本领域的后续研究提出建议。

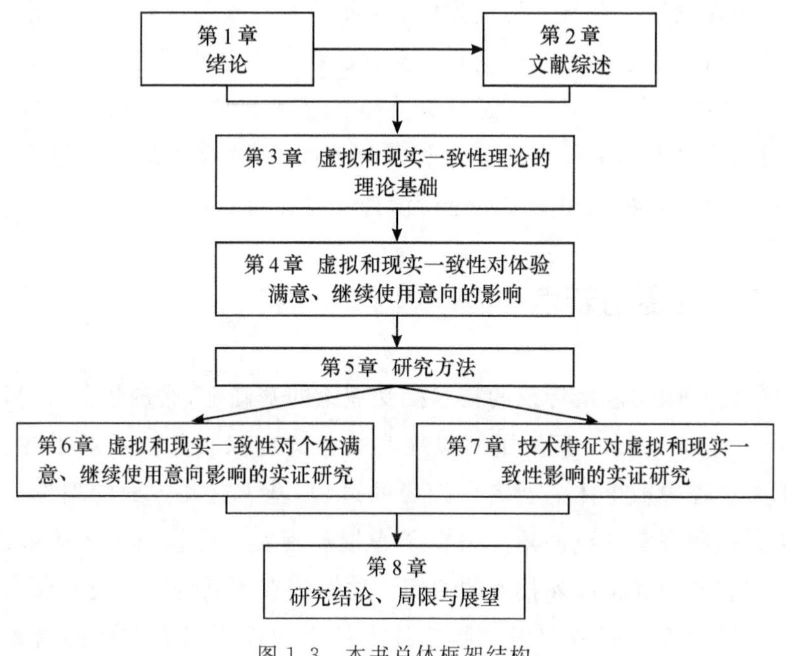

图 1.3 本书总体框架结构

1.4 研究方法

本书将采用文献理论研究与实证研究相结合，文献阅读与实地问卷调查访问相结合，再通过定量分析的方法来理解虚拟和现实一致性理论会如何改变模拟现实服务的虚拟服务技术的继续使用意向，所采用的研究方法如下：

(1)文献研究。通过文献检索、阅读和分析，理清国内外关于技术接受理论、虚拟化技术接受理论的研究脉络和现状，以此作为本书的重要理论基础。

(2)理论基础研究。在文献研究基础上，经过理论上的分析、归纳，得出本研究的研究切入点，指出模拟现实服务的虚拟服务技术与以往的工具性技术依据娱乐性技术本身在相关设计中的差异性，提出初始的构念。

(3)问卷统计分析。通过对虚拟服务技术使用者如网上购物消费者的问卷调查等形式，获取研究所需要的样本数据；并利用验证性因子分析(CFA)、探索性因子分析(EFA)、相关性分析和回归分析等管理统计分析方法，通过LISREL8.7，SPSS16.0，STATA10.0软件对概念模型及研究假设进行分析，验证相关理论模型与假设是否成立。

(4)研究设计。在研究的过程中，本研究主要通过现有的理论来构建相关研究构念，并基于相关的理论和定义提出相关构念的理论测度方式。依据总结出来的相关量表，研究先进行大样本的量表发放，并提取部分样本进行因子分析，为验证相关量表的聚合和区分效度，利用余下的部分量表进行验证性因子分析，并利用相关样本进行统计检验分析。

1.5 主要创新点

本研究在归纳总结传统的技术接受理论的基础上，通过整合ECM-IT以及Motivational Model理解了模拟现实服务的虚拟服务技术对于在技术不断变革的过程中被个体消费者所接受的过程，基于这几方面的理论，研究进一步从虚拟和现实一致性角度解释了虚拟和现实一致性对于个体继续使用模拟现实服务的虚拟服务技术的原因。这对于在不断变革的技术而言，尤其对于提供模拟现实服务的虚拟服务技术的企业而言具有重要的借鉴意义。就研究而言，具体创新主要表现在以下几个方面：

(1)区分了工具性技术、娱乐性技术以及模拟现实服务的虚拟服务技术。这一区分将有利于未来在研究中针对不同的研究对象提供不同的研究设计以及理解不同对象的独特性特征。

(2)理解了模拟现实服务的虚拟服务技术的独特性。即这一技术不仅仅存在技术性特征，更是一种服务方式。因此具有技术和服务的双重特性。

(3)基于模拟现实服务的虚拟服务技术的理解，构建了虚拟和现实一致性理论。

(4)理解了虚拟和现实存在一致性差异的情况下，全面分析何种一致性差异可能推进客户对于技术体验的满意度及继续使用意向，而何种一致性差异可能阻碍或者降低客户对技术体验的满意及继续使用意向。

(5)从ECM-IT以及Motivational Model的角度提供了一个新的技术接受模型以理解个体对于模拟现实服务的虚拟服务技术的接受机制。

2 文献综述

2.1 技术接受模型及其拓展

对于信息技术的使用行为，不同的学者从不同的方面提出技术使用的基本观点，这些观点包括基于个体心理的，也有基于个体行为的，还有基于外部社会环境、社会规范以及技术本身的特性的，因此基于不同的研究视角，现有的研究不断地出现新的理论系统和理论发展。当然在相应的理论框架系统下，依据不同的理论思想，对技术接受的相关影响因素也存在不同的认知。由此引发了人们对不同类型信息技术可能存在不同的技术接受方式的思考。在这些研究理论和研究框架下，其中最有代表性、应用最为广泛的是TAM模型及基于对应模型进行的相关拓展。

2.1.1 技术接受模型(TAM)

Davis于1986年在理性行为理论(Theory of Reasoned Action，TRA)的基础上提出了TAM。理性行为理论认为个体的行为都是由一定的外部因素所导致的，这些行为的形成都来自于个体的信念和外部计算。作为一个用于解释人类个体决策过程实现的通用行为模型(Fishbein & Ajzen，1975；Ajzen & Fishbein，1980)，这一理论并不是主要针对个体采纳信息技术本身所开发的，因此忽视了信息技术本身的相关特性，如技术属性，工作属性，等等。但TRA本身却给出了一个相对基础和稳定的理论框架用于解释个体的行为形成，如人的使用行为主要由个体的行为意向导致，而行为意向的形成主要来源于个体的态度和相应的主观规范。行为意向主要体现出了个体对执行一项决策的相关意向的强烈程度。而态度则主要体现为个体对执行相关决策行为所可能带来的正面或者负面的认知。主观规范则主要体现为外部社会的制度、文化或者道德价值观的相关因素认为个体是不是应该执行相关的行为，对执行相关行为是不是合乎社会规则的一种认知。而影响个体的行为态度和主观规范的因素主要来源于个体的态度信念(Attitudinal Beliefs)和规范信念(Norms of Beliefs)。态度信念强调相关的行为结果实现的可能性，而规范信念主要来自于个体本身的信念认知，即在个体内部的道德体系和认知体系下，对应的行为是不是合乎个体的道德、价值观或者社会系统中法律规范的认知。理性行为理论的核心认为要影响人的行为首先需要影响态度和主观规范。正如前文所指，虽然TRA能够很好地解释个体形成一个决策到执行一个决策的过程，但TRA本身的提出主要是针对个体的通用行为而提出的，在某些特定技术背景或者产品背景下，相应的理论应用可能存在一定的缺陷或者不足，所以Davis(1989)提出了TAM模型(如图2.1所示)。

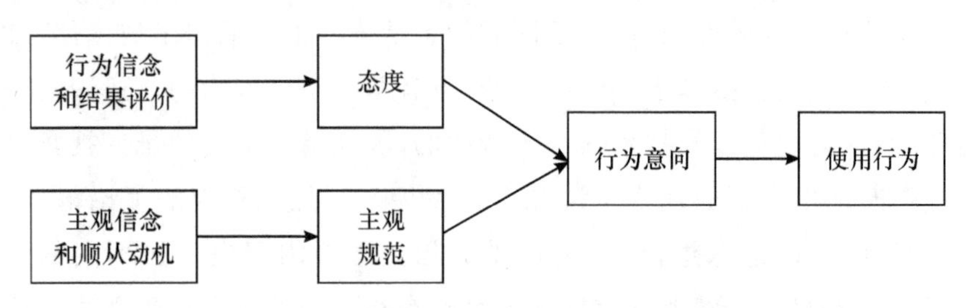

图2.1　基于理性行为理论的技术接受模型

1986年，Davis在理性行为理论的基础上提出了TAM模型，随后基于不同理论背景的拓展，形成了被广泛认同的技术接受模型(如图2.2所示)。TAM模型主要用于解释和理解信息技术的接受过程。在TAM中，个体的行为意图(BI)决定个体的采纳行为(B)，而行为意向主要是由个体的对一项技术的使用态度和有用性认知(PU)所共同决定，在这个过程中个体对一项行为的态度则主要由有用性认知和易用性认知(PEOU)共同决定。而影响个体的易用性认知以及有用性认知的主要来源于外部变量。

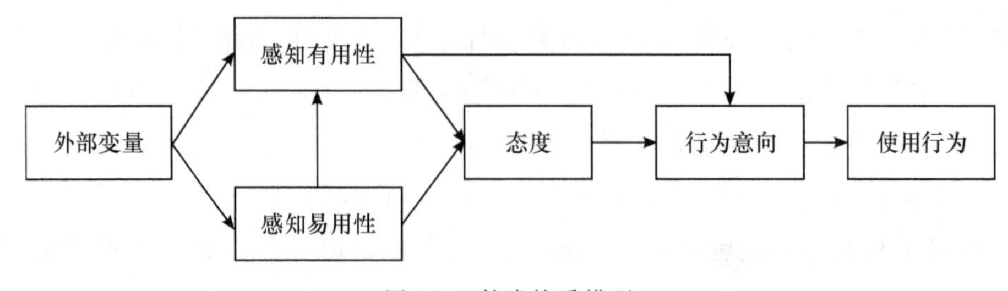

图2.2　技术接受模型

相比于仅仅基于 TRA 对技术接受的解释,Davis 认为一项技术是不是能够被个体所接受,个体的态度比可能比主观规范有更强的影响力,这也是导致技术改变社会规范的重要原因。因此在 TAM 模型中不再考虑 TRA 中的主观规范;1996 年,Davis 等又指出个体的态度是个体在情绪上对一项技术是否喜欢的一个态度,但在现实情况下,一项技术的使用可能并不是仅仅取决于个体的态度,如技术的外部性特征和有用性特征等可能使并不了解相关技术的个体也会顺着社会的潮流去使用相关技术,因此在现实情况下可能并不能完全表达有用性认知和易用性认知的预测结果,因此在原始模型中又舍弃了“态度”,在这个模型背景下,仅仅考虑两个个体认知的变量——有用性认知和易用性认知(如图 2.3 所示)。个体对一项技术的采纳意图可能主要来自对一项技术的使用意图,而这种使用意图可能来自于个体对相关技术本身的易用性认知以及有用性认知。

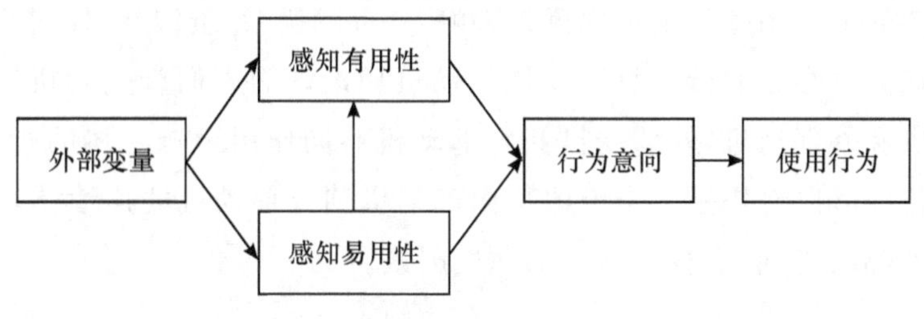

图 2.3 改进的技术接受模型

随着研究的深入,不少学者发现在行为意图、实际行为的形成的过程中,不同的个体或者技术因素、环境等变量会存在不同的影响,即在不同的情境中,变量对行为意向和使用行为的解释力存在不同的结果,为解释这一现象,不少学者引入了不同的调节变量来解释相应的变差问题。如 Adams et al.(1992)提出技术接受研究中应该更多地关注调节变量。Vekatesh et al.(2003)也提出应该划分不同的情境进行分析,如个体性的差异或者技术性的差异都可能导致技术接受行为的差异。在这样的背景下可能导致模型的解释力低且不稳定、变量之间关系的一致性程度较低。

事实上在 1989 年,Davis 等通过实证研究发现,随着经验的增加个体对相关技术的易用性认知可能对相关技术采纳的行为的影响不再显著;Venkatesh & Morris(2000)也发现在技术采纳的过程中,有用性认知对男性可能更加重要，而易用性认知则对女性更为重要。虽然 TAM 模型本身是基于 TRA 的发展拥有相对可靠的理论基础，并且在整体的简洁模型基础上其解释度也相对较高。但在有用性认知和易用性认知形成的过程中各种不同因素的影响来源考虑的不足，如个体性的特征、任务性的特征等，使得 TAM 本身存在一定的解释局限。总体而言，简洁的 TAM 模型本身提供了一个具有一个通用性标准的理论框架用以解释技术接受行为的产生，虽然具有一定的通用性的解释能力，但其也存在一定的局限性（Mathieson，1991）。如 Dishaw & Strong(1999)认为，首先，TAM 中缺乏对主观规范的影响可能是不合理的，因为个体是不是采纳和使用意向信息技术可能受到领导、同事、朋友及家人行为的影响，尤其是在一个文化和制度都倾向于接受一项新技术的背景下，个体对相关技术的评价会高于预期，从而接纳和参考别人的行为并接受相关技术；其次，TAM 没有考虑其他的相关控制因素，如 Ajzen 就提出，行为意图除了受态度和主观规范的影响，外部的机会、资源、个体对相关技术的控制能力也会影响行为意图；最后，动机理论认为人们产生动机可以包括内部动机和外部动机，外部动机和内部动机共同作用影响个体的行为，并且个体的行为可以看作是一个个体从内部动机到外部动机的连续体，TAM 只考虑了外部动机，而没有包括内部动机因素。

2.1.2 技术接受扩展模型(TAM2)

TAM 模型本身是在 TRA 基础上提出的一个相对简洁，但具有高度普适性的技术接受的综合模型。而正是这一模型本身的简洁特性，使得 TAM 模型本身可能缺乏对其他个体性特征、技术性特征以及社会性特征的考量，如在这个技术接受模型中只是指出系统特征、开发过程、培训等因素可以通过有用性认知和易用性认知影响用户行为意图，但并没有明确有用性认知和易用性认知会如何受到外部因素的影响。而在现实的研究中，TAM 的大量实证研究证明，有用性认知是行为意向的非常重要的决定因素，因此理解有用性认知的决定因素及其对行为意向的影响会如何随时间变化就显得非常重要。因此，Venkatesh & Davis 在 2000 年提出了 TAM2（如图 2.4 所示），在 TAM2 中重点考察了什么会影响个体的有用性认知。

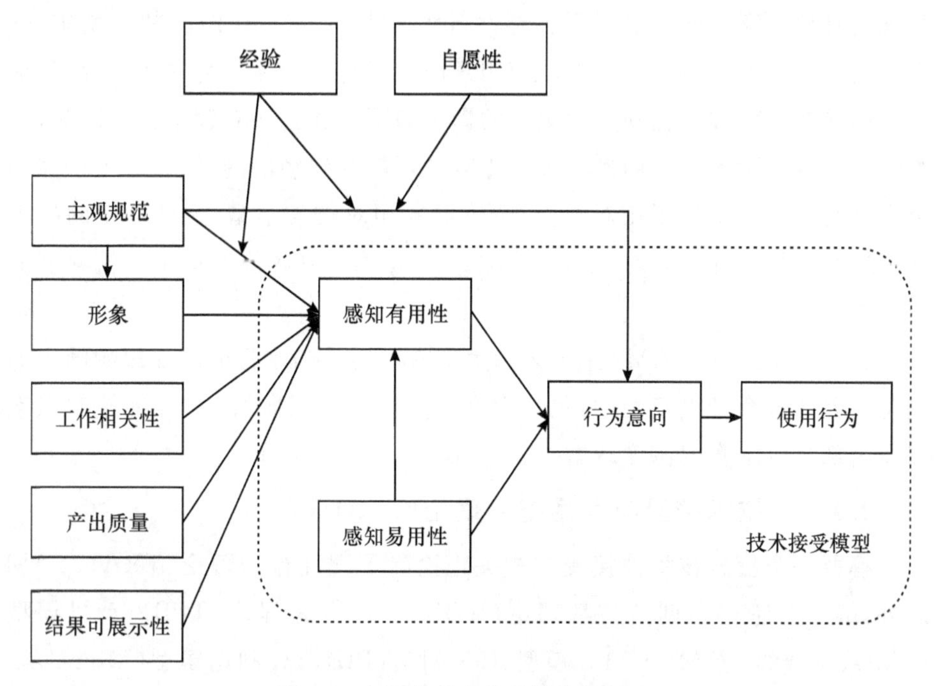

图 2.4 拓展的技术接受模型(TAM2)

TAM2 解释了有用性认知(PU)的主要的决定因素,主要体现为社会影响相关的变量和认知工具变量及其调节变量(经验和自愿性)。其中社会影响变量主要包括主观规范(SN)和形象(IMG),在这个过程中,经验和自愿性会影响个体的认知,而认知工具性因素则主要包括工作相关性(JREL)、产出质量(QUT)、结果展示性(RES)和易用性认知(PEOU)。

社会影响的相关因素主要包括主观规范和形象两个因素,主观规范通过三个连续性的过程即内化、认同、顺从的方式,通过外部个体、组织本身的信念、文化和规范的影响个体本身的信念和规范,并形成新的规范以改变个体对一项技术的态度和认知;主观规范也可能通过形象间接影响有用性认知;在这个过程中,主观规范还将直接影响个体对一项技术的使用意图。认知工具性过程主要体现为用户对相关技术本身作为一种工具所带来的相关成果的考察,这种结果性的考察首先可以体现为技术与工作的相关性,其次则是技术对改变产出质量的影响,在前两者满足的情况下还需要考虑的是产出结果的可理解性和易用性,即结果展示性。

TAM2 中还引入了两个调节变量:自愿性和经验。TAM2 研究表明主观规范对行为意图的影响受到自愿性行为的影响，在一个组织的环境中，一个个体如果本身具有相对较高的使用意向或者符合个体本身的认知规范，那么个体采纳一项技术受到主观规范的影响的可能性会相对较小。而同时，主观规范对行为意图和有用性认知的影响还可能受到经验的影响，一个个体如果本身对一项技术使用相对较多，个体经验相对较为丰富，这种深度的技术性的理解可能改变个体对一项技术采纳决策过程中对他人意见依赖程度的影响。

和 TAM 比较，TAM2 主要体现为把有用性认知本身的外部影响因素的细化。但在这个理论模型中，仍然存在一定的不足，即缺乏对外部控制因素以及内部动机本身的深度理解。

2.1.3 技术接受与利用整合理论(UTAUT)

解释一个信息技术被接受的相关理论除了理性行为理论（TRA）、TAM之外，事实上还存在创新扩散理论（IDT）、计划行为理论（TPB）、动机模型（MM）、整合的 TAM 与 TPB 模型（C-TAM-TPB）、PC 利用模型（MPCU）以及社会认知理论（SCT）等。

信息技术接受研究理论系统的发展和完善为未来的研究提供了不同的视角，但随着理论系统的多元化，不少学者开始反思这么多种不同类型的理论和模型的必要性，模型的可靠性，等等。所以众多学者开始试探着在这些不同类型的模型中寻找一个最佳的解释理论系统以实现对技术接受理论的有效解释。虽然各个理论在解释的理论系统上存在差别，但在解释的现象上存在很大的相似性。因此，尽管各个模型在理论起源上存在区别，但其解释的本质是相同的，而由于行为研究的复杂性以及每个研究者的理论基础不同，可能不同的模型所能解释的因素存在一定的差异性。因此，理论界指出需要对各种用户接受模型进行整合。

在这样的背景下，Venkatesh 等人在 2003 年比较分析了已有的 8 个模型，发现在不同理论体系下各个模型对现有信息技术接受的现象都具有各自的解释能力。因此，Venkatesh 等人对现有的 8 个理论体系下提出的 32 个主要影响因素和 4 个调节变量进行了整合，作为信息技术接受行为意图和行动的决定因素，提出了“技术接受与利用整合理论”（Unified Theory of Acceptance and Use of Technology，UTAUT）（如图 2.5 所示）。UTAUT 包括绩效期望（Performance Expectancy，PE）、努力期望（Effort Expectancy，

EE)、社会影响(Social Influence,SI)、便利条件(Facilitating Conditions,FC)4个核心变量和性别、年龄、经验、自愿性4个调节变量。

不同于TAM模型,UTAUT模型包括了更加广泛的理论基础,因此其影响因素的构成也相对复杂。如基于八种不同的技术接受理论系统,其涉及的影响因素也更为广泛和全面,包括个体特征、技术特征、任务特征、组织特征、社会影响等。在这个模型中,绩效期望维度(个人感觉使用系统对工作有所帮助的程度)、付出期望维度(个人使用系统所需付出努力的多少)和社群影响维度(个人所感受到的受周围群体的影响程度,主要包括主观规范、社会因素和公众形象等三方面)会直接影响行为意向;而配合情况维度(个人所感受到组织在相关技术、设备方面对系统使用的支持程度)直接影响使用行为;性别、年龄、经验和自愿控制变量等显著影响以上的几个变量。

Venkatesh等发现,通过整合八种理论体系,将绩效期望、努力期望、社会影响及便利条件四个变量整合进UTAUT模型中之后,自我效能、焦虑、行为态度、内部动机、使用感觉及感觉等六个因素对行为意图的影响力的显著性消失。

Venkatesh et al.(2003)提出UTAUT模型,对以前的研究进行了很好的整合,并在前人研究的基础上进行了必要的拓展,如在UTAUT模型中增加了四个调节变量:经验、自愿性、性别、年龄。整体而言,UTAUT研究表明,在大部分情况下,绩效期望直接决定个体的行为意图,关系的强度随性别和年龄变化,即男性和年轻用户更重视工作效用的提高;努力期望对行为意图的影响会受到性别和年龄的影响,对女性和老年人而言,努力期望对行为意图的影响会更高,但这种影响力随经验积累而降低。社会影响对行为意图的影响只有在不同调节变量情境下的影响才显得相对显著。便利条件对使用行为的影响只在同时考虑年龄和经验影响的情况下才比较重要,如对积累了相当经验的老年人。Venkatesh等认为:经验、自愿性、性别、年龄等调节变量会显著影响自变量与因变量之间的关系,并且当两个以上的调节变量的存在组合性影响的情况下,这种关系可能显得更为显著。

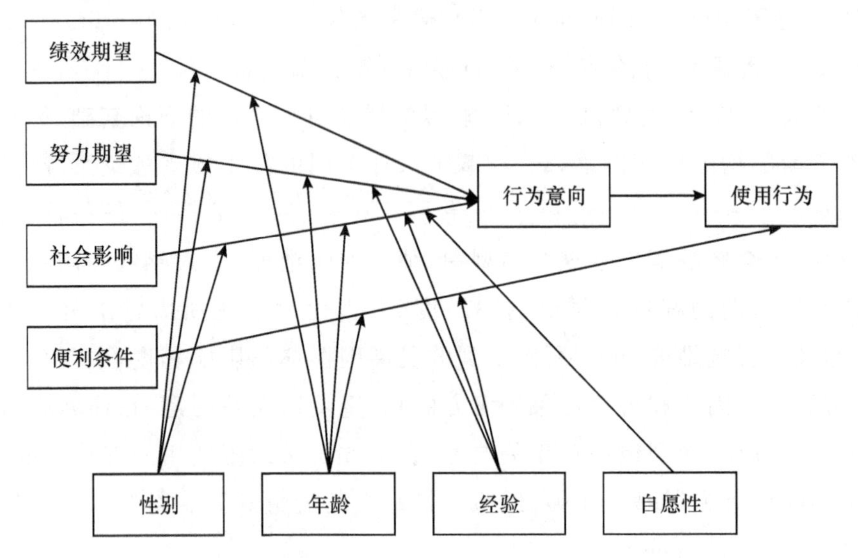

图 2.5 整合了绩效期望、努力期望、社会影响的 UTAUT 模型

2.1.4 技术接受整合模型(TAM3)

随着信息技术采纳理论的发展,技术采纳的研究从 TAM1 到 TAM2,再到 UTAUT,其理论模型本身对个体技术采纳的预测能力不断提高,但理论本身对于现实操作的指导性仍然存在一定的缺陷。如信息系统领域的著名学者 Alan Dennis 就指出:你可以告诉管理者被采纳的系统必须是有用的、易用的,但可能更为重要的是让别人知道什么是有用和易用的。因此学术界和行业界都提出,在 IT 实施过程中,管理者需要执行有效的干预以最大化 IT 采纳率。源于此,Venkatesh 等人在已有研究的基础上提出了技术接受整合模型——TAM3 模型(如图 2.6 所示)。

相比于 TAM2,TAM3 最大的特点在于指出了易用性认知的决定性因素。Venkatesh & Davis(2000)在扩展的技术接受模型,即 TAM2 中指出,易用性认知与个体的自我效能信念和程序性知识紧密相关。在相应的理论模型中,Venkatesh(2000)依据锚定与调整法则提出了易用性认知背后的一般性决定因素,在这个模型中计算机自我效能(CSE)、计算机焦虑(CANX)、计算机可玩性(CPLAY)、外部控制认知(或便利条件)(PEC)属于锚点,娱乐性认知(ENJ)和客观有用性(OU)属于调整,概括为个体特征和系统特征。而易用性认知的影响因素则主要体现为个体差异和计算机使用的一般信念,包括控制信念、内部动机和情感。TAM3 则完全基于上述的基本理论模型进行相应的拓展。这一拓展,是对原有的静态模型能够接受一定的动态性的技术接受问题,如调整可能会体现在不同的时间节点的认知,这种认知的差异会带来相应的易用性认知的不同。

TAM3 的理论模型认为在 Venkatesh(2000)识别的感知有用性的决定因素和 Venkatesh & Davis(2000)识别的感知易用性的决定因素不存在相互的交互效应。在这样的假设前提下,感知有用性本身的决定因素就不会影响到感知易用性的决定因素,同时感知易用性的决定因素也不会影响感知有用性的决定因素。同时,在相应的模型中还提出了使用经验等三个调节效应,认为使用经验会调节感知易用性和感知有用性、计算机焦虑和感知易用性,以及感知易用性和行为意向之间的影响关系。

不过 TAM3 在研究如何通过干预的手段推动技术采纳的同时并没有过多地考虑调节变量的影响,虽然在研究中增加了新的调节关系如:(1)随着经验的增加,计算机可玩性对易用性认知的影响会消失,而针对具体系统的愉悦性认知开始影响易用性认知;(2)随着经验的增加,计算机自我效能和计算机焦虑转变为用户对系统客观可用性的评价等。但对于这个模型本身的拓展而言,对于易用性本身的前置因素的拓展以及相关核心变量的更改是整个理论系统的核心。

对于 TAM3 而言,TAM 原始模型主要以用户信念作为自变量,而影响用户信念形成、变化的因素并没有包括在整个模型中;尽管 UTAUT 中四个变量的概括面相对较广,但每一个变量背后的前置影响因素并没有包括在模型中;TAM2 则包含了影响用户信念形成的变量;TAM3 则更完善,包括了影响用户的系统信念的社会因素、控制因素、内外部动机和情感。在 TAM3 中,通过将易用性认知与 UTAUT 中的努力期望和便利条件相对应,提出不同的锚点和调整手段会影响计算机本身的易用性认知。这就将技术接受从一个相对静态的认知向一个相对动态的阶段进行拓展,因为在 TAM3 中,调节变量的考虑就体现了技术使用不同阶段易用性认知的影响因素的变化。

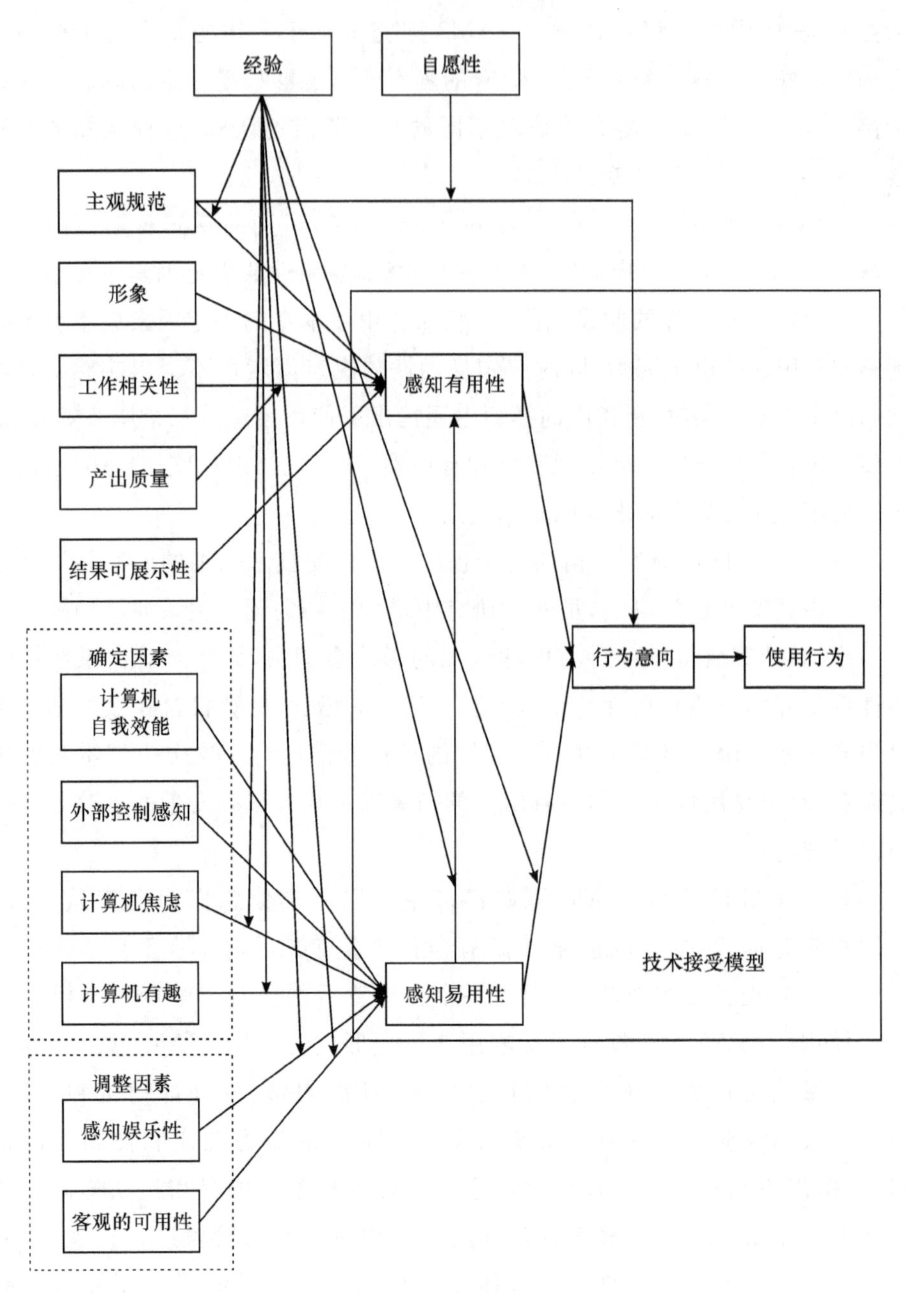

图 2.6　技术接受整合模型(TAM3)

2.1.5　拓展的技术接受与利用整合理论(UTAUT2)

随着技术的发展和演化,传统的仅仅基于组织内部的应用性技术的研究受到很大的挑战,信息技术从传统的办公领域不断拓展到了个人的应用领域以及娱乐领域。这种拓展使得传统的理论系统的技术接受模型如 TAM、TAM3 以及 UTAUT 模型都得到了新的挑战。因此，现有的研究对相关的理论系统进行了一定的整合。总体而言，相关理论系统依据本身研究对象的差异，对于 UTAUT 模型的拓展主要有以下三个方面。首先，是应用情境的拓展，新技术（如合作性技术、健康信息系统）、新的应用群体[如消费者（Yi et al.，2006）]以及新的文化背景[如中国和印度等（Gupta et al.，2008）]。其次，新的构念的引入，以拓展 UTAUT[如（Sun et al.，2009）]。最后，增加新的外部变量，即外部的预测变量以预测相关技术的接受解释（Yi et al.，2006）。如图 2.7 所示。

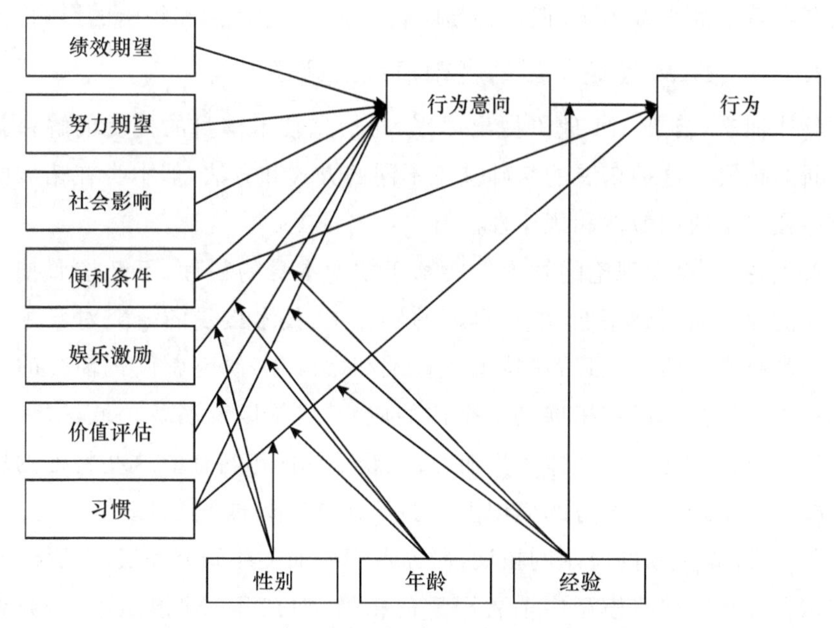

图 2.7　整合了习惯、娱乐性因素的 UTAUT2 模型

总体而言，研究者们发现随着技术的发展，有必要对以往的一些理论模型进行不断的修正，以实现更好的理论预测，尤其是当办公技术转向娱乐性技术，同时当一类技术存在多种替代技术的背景下，个体对一类技术的选择可能基于完全不同的决策规则，以往的理论模型的基础变量可能更加体现为一种必要而非充分的因素，新的因素的引入显得尤为必要。因此，Venkatesh et al.（2012）提出了一个新的整合模型，用以解释办公性技术和基于消费者的娱乐性技术如何影响消费者的技术接受的问题。在相应的模型中，Venkatesh et al.（2012）指出，在消费者情境下，娱乐导向即个体使用

相应的技术获得的娱乐性程度,价值预期主要指个体基于成本收益的计算而得到的对一项技术使用投入而得到的收益以及个体的习惯主要是指个体自觉地使用一种行为的程度(Limayem et al.,2007)是重要的预测变量,而年龄、性别、经验会对相应的变量产生重要的调节效应。

这一拓展,使得原有的基于办公技术的应用得到实质性的拓展,通过对这种消费者情境化的技术的分析,研究者们发现,个体本身使用的习惯以及相关技术本身的娱乐性可能会完全改变一项技术本身是不是能够被接受或者能够得到传播。相比于 UTAUT 模型,在 UTAUT2 模型中,绩效期望(PE)、努力期望(EE)、社会影响(SI)以及便利因素(FC)对个体的行为意向仍然存在重要的直接影响,但这种影响会受到年龄、性别和经验的影响。

2.1.6 TAM 理论扩展的基础框架及评述

整体而言,自 TAM 理论提出以来,对信息技术本身的接受的解释就得到不断的拓展。这种拓展的基础基于不同的方式和方法,但本身在拓展的逻辑上存在一定的相似性和规律性。

首先,技术接受理论的发展主要基于技术本身的特性,不断按照技术受众群体的改变而得到拓展,如在早期的研究中,技术接受的研究对象主要针对办公类技术的研究,而随着技术的普及和大众化,研究者们把传统的组织内部的技术接受的研究拓展到了个体的应用、娱乐以及消费领域,这种拓展最大的特点在于融入了个体的生活习惯、娱乐导向等特征。这些特征的融入使得技术接受理论在本身的应用上能够具有更加高的普适性。

其次,随着技术的应用的拓展,研究者们更加关注研究和实践的结合,这就带来了在技术接受模型中前置因素的拓展,如在 TAM 模型中,研究者发现易用性和有用性能够高效地提升个体的技术使用意向,随着研究的深入,研究者们更多地对易用性和有用性本身的前置变量进行分析,这对于如何促进信息技术的易用性和有用性、提升技术本身在企业中的推广和应用具有积极的意义。

再者,随着技术的不断发展,研究者发现个体对一项技术的应用采纳可能会随着时间不断调整,如经验会影响到技术的采纳。但影响最大的可能来自于个体对一项技术的锚定效应,随着个体对一项技术使用的增多,这种锚定效应会不断调整,从而改变个体的使用习惯,改变个体对一项技术的接受和采纳度。这类研究的价值很大程度上体现出了时间和使用的惯性会如何改变个体的行为。这一理论研究事实上在具有多种替代性、竞争性技术背景的技术接受情况下具有一定的借鉴价值,但相关的情况并非完全类似。

最后,对于现有的主流的技术接受模型而言,更加多地强调相关理论模型在不同情境背景下的拓展,如把技术接受的理论放到不同的文化背景下去考察,把基于组织办公技术的理论系统和个体娱乐性的理论系统进行融合,等等。

对于以上的这些研究趋势而言,主要的目的在于不断推动技术接受理论在现实信息技术的发展和应用领域的拓展。整体而言,可以从以下几个方面进行进一步拓展。

首先,现有的理论对消费者直接相关的技术接受的研究仍然存在拓展空间,如时间会如何影响个体对一类消费技术的应用的接受情况,尤其是当一类技术存在多种替代性技术的情况下,传统的技术的接受模型的基本因素可能更多地体现为一种必要因素,如易用性和有用性程度,但这并不能真正地促成一项技术被个体所接受,对其他的充分条件的分析显得尤为必要。

其次,在技术发展和变革的过程中,消费技术的发展不仅仅是对现实技术的一种拓展,有时候很大程度上会是对现实技术的一种替代,也就是说这种技术是现实的虚拟化,这种虚拟化导致个体在进行体验的过程中难免受到初始的习惯的影响。但在现有的研究中对于不同阶段的习惯、体验等不同类型的因素会如何影响个体对一项技术的继续使用意向的研究仍然不多。事实上,虚拟娱乐技术的发展,很大程度上能够替代现实生活中的娱乐方式,虽然娱乐性可能是重要的预测变量,但对于不同的个体而言,在虚拟世界和现实世界中获得的娱乐的认知的差异会存在不同,这种差异很大程度上可能会决定个体对一项技术的接受情况。但现有的研究对这类研究的虚拟和现实的差异性还是关注较少。

最后,现有主流模型中还是以静态的消费和使用为基础进行分析的。在现实情境下,尤其是存在多种竞争性技术或者存在对现实虚拟化技术的情境下,这种静态性的特征可能需要调整为动态的比较性的特征,只有这样,才能够有效体现在多种竞争性技术或者消费环境下,个体继续使用一类技术和消费方式的必要和充分条件。

3 技术接受理论在虚拟服务技术情境中的拓展

技术接受理论本身依据研究对象的不同存在多种不同的版本,如 UTAUT2 的出现,主要就是为了一方面满足解释组织信息技术的接受机制,另一方面也要用于解释消费型的相关技术的接受机制。因此对于模拟现实服务的虚拟服务技术(如网络销售服务)而言,其本身可能拥有多种不同属性,而这种属性的特征将决定个体在技术接受过程中的关注焦点。和传统的研究不同,本研究认为模拟现实服务的虚拟服务技术主要体现了一种对现实生产活动的虚拟化,同时也体现为一种服务过程,这两方面的独特性将决定这一技术在继续使用过程中的独特性。

3.1 虚拟服务技术及其特征

随着技术的发展,相比于传统的基于组织的信息技术的采纳,信息技术的应用已经渗透到生活和服务的各个领域,现实中的各类生产服务内容不断被虚拟化,这就带来了一个新的问题,和传统的那些工具性的技术服务内容相比,模拟现实服务的虚拟服务技术存在多方面的差异。

首先,模拟现实服务的虚拟服务技术是对现实世界生产方式的虚拟化,是对现实世界生产方式的一种替代,这种替代产品不仅仅能在网络上找到,在现实世界中个体也会有各种各样的实践经历,因此,相比于传统的工具性的技术,可能给个体带来完全不同的实践方式、生产方式,等等。模拟现实服务的虚拟服务技术在被消费者使用的过程中,消费者必然已经形成了相关的体验经历、经验或者形成了一定的习惯。这种先验性的体验的带入和比较,使得原有的技术接受模型难以很好地解释其可能带来的差异和变化。

其次,相比于传统的工具性的生产技术的引入,工具性的技术更多地强调其功能的有效性以及易用性功能，而对于模拟现实服务的虚拟服务技术而言，虽然这种虚拟化的方式的初衷在于提升生活过程中的便利性，但这种便利性可能降低生活服务本身所具有的特征，即服务性特征，对于服务而言，其本身带给客户本身的体验直接体现为一种产品生产的结果，因此在这个过程中体验就显得尤为重要。虽然网络购物等消费服务可能最终存在一定的实物，但在这个消费的过程中，其产品存在多重特性。如 Han & Han(2001)将网络环境下客户价值分为“内容价值”(content value)和“情境价值”(context value)。内容价值是指客户从购买产品或服务中获得的一般收益，强调的是交易的结果；情境价值强调的是交易过程，是指从辅助功能和交易特性中获得的额外收益。而 Mathwick，Malhotra & Rigdon(2001)提出在网络购物的情况下客户感知的体验价值由内部收益和外部收益组成，具体包括娱乐价值(playfulness)、审美价值(aesthetics)、客户回报价值(return on investment)和优质服务价值(excellence service)。因此对于服务的相关技术而言，以往的经历以及消费体验的服务过程的需求将很大程度上区别于现有工具性的技术被接受的过程。

3.2 虚拟和现实一致性理论的理论基础

技术接受模型主要用于解释用户为何会使用一项新技术。但随着技术的发展，尤其是模拟现实服务的虚拟服务技术的发展，如网络购物等消费情境的生产服务技术的引入以及存在多种竞争性服务技术的背景下，原有的模型在一定程度上不能很好地解释一项技术被个体接受的原因。Szajna(1996)和 Davis(1989)等人则基于技术接受理论进行了相应的拓展，在他们的研究中他们提出了继续使用意向理论模型。相比于传统的对技术接受和继续使用不加以区分的理论系统，继续使用意向理论模型明确指出个体的继续使用意向和技术的接受是存在明显差异的，这种继续使用的意向体现为经验性对比的结果，即只有当个体有过相关技术的使用经历并形成一定的认知后，个体才可能有继续使用一项技术的意向。而技术接受则不强调个体的使用经历。事实上，使用经历能够在很大程度上改变个体的经验性特征、个体的习惯性特征，这些特征会很大程度上改变个体对相关技术是否适合继续使用的意向。如解释个体在一段时间内接受了意向技术的使用，但使用一段时间后却又终止了这项技术的使用。在这样的背景下，Churchill(1982)、Spreng et al.(1996)、Bhattacherjee(2001a,2001b)指出个体是不是继续使用意向信息技术很大程度上取决于个体在多大程度上本身的预期和实践的差距，这种差距会决定个体是不是觉得相关技术值得继续使用。也就是说，相比于传统的TAM，继续使用理论更加强调先验性或者经验性结果的预期与实际体验的差异。这一理论体系更多地基于期望—确认理论(Expectation-Confirmation Theory)来构建相应的理论基础，在这一理论背景下，个体本身的期望结果和后验结果的差异很大程度上决定了个体的继续使用意向。

3.2.1 期望—确认理论

期望—确认理论最早源于营销服务领域的研究。在20世纪70年代早期，研究者们发现，客户满意期望未确认程度(disconfirmation)高低对产品绩效排序影响很大(Cardozo,1965; Olshavsky & Miller,1972; Anderson,1973)。因此，众多学者提出产品本身的绩效可能主要源于用户对相关产品使用经历的满意程度。正是基于这一假设，期望—确认理论(Expectation-Confirmation Theory, ECT)被提出，并用于解释客户的购后行为研究，最终被广泛地应用到客户重复购买意向的相关研究中Churchill(1982)。期望确认理论最早源于Festinger在1954年提出的认知不一致理论(Cognitive Dissonance Theory, CDT)。认知不一致理论(CDT)作为社会心理学的一个经典理论，主要用于解释个体在发现认知和现实情况一致性存在差异的情况下，会如何调整相应的认知和相关的行为。Oliver(1980)则在认知不一致理论(CDT)的基础上提出了ECT，相比于CDT，ECT主要是针对客户重复购买商品服务的相关行为而建立的。ECT认为一个个体是不是会重复购买相关产品，很大程度上取决于其对相关产品的使用经历和使用体验，如果在使用过程中获得满意的体验结果，那么个体会有很大的意向继续使用或者购买相关的服务，并尝试维持这段关系。基于期望理论本身，他认为满意主要由预期(expectation)和期望未证实程度(disconfirmation)所决定(Oliver,1980)。

如图3.1所示，期望确认理论认为客户重复购买意向的形成过程如下：在初始阶段，个体可能会对相关服务和提供的产品形成一定的预期。在这样的预期下，个体会接受并开始使用相关产品，在使用了这一产品之后，个体会将自身的消费经历与相关的产品预期或者感知预期进行比较，这种比较可以用于证实和当初的预期相比，能够多大程度上超出本身的预期或者低于本身的预期，当然在这个过程中，相应的产品体验的预期以及这个体验差距程度(confirmation)都将会影响用户的满意度。而满意度又会影响用户的继续购买相关服务的意向(Churchill，1982)。对于满意度高的客户而言，他们很大可能会继续使用或者购买相关服务；而对于满意度相对较低的客户而言，他们对继续使用和购买相关服务的预期会大大降低。

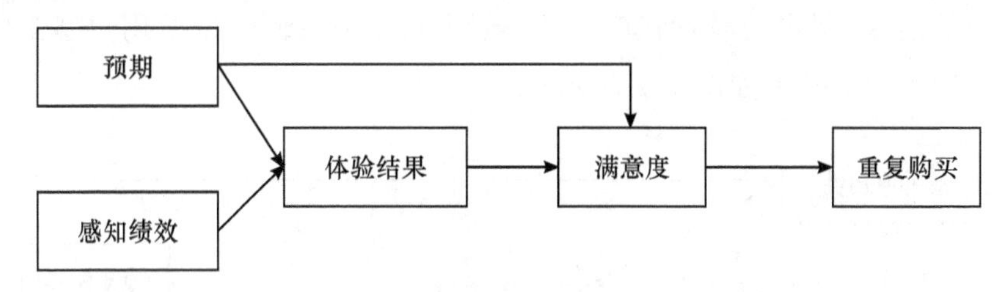

图 3.1 基于期望确认理论的客户重复购买意向模型

ECT 本身的解释能力在很大程度上已经证实了其对服务性生产领域消费者行为的解释。如 Churchill & Surprenant(1982)通过实验研究发现不仅仅客户满意和预期差异会影响个体本身再消费的行为，这种行为可能随着产品类型的改变而改变。他的实验研究表明，对于非耐用品而言，消费者在产品购买前的预期和相关产品消费的体验差距是影响消费者满意的主要因素，而对于耐用品而言，只有用户使用后的绩效体验对用户的满意程度会有影响，从而影响个体对相关产品的再使用意向，而绩效和预期的差异对消费者满意都没有显著的影响。Yi(1990)的研究也证实了 ECT 在解释个体消费满意行为中的价值。Oliver(1993)的研究则表明，在对于汽车类产品的重复购买和营销专业课程的学习过程中，个体的预期、体验差距会很大程度上影响个体的满意度，这种满意会影响个体对相关服务继续购买的程度。Spreng et al. (1996)在基于 Oliver 提出的 ECT 模型上进行了一定的扩展，在加入客户需求(desire)和需求一致性(desire congruency)这两个变量后，通过研究消费者相继重复购买的意向验证了原模型的有效性。

总体而言，对于传统的服务和产品生产领域，ECT 具有很好的解释力，并且被证明是具有相当好的预期能力的。为进一步解释相关理论在信息系统领域的解释和应用，Bhattacherjee(2001b)提出对信息系统的使用尤其是用户的继续使用程度可能和消费者重复购买一个服务或者产品会具有相当大的相似性。因为对于一个产品的继续使用的决定,都取决于个体使用了一个相关产品之后的预期,这种预期都将受到最初消费经历的影响。为了能够更好地解释相关消费者或者个体继续使用相关产品的意向,Bhattacherjee(2001b)通过整合 ECT 和技术接受理论,提出了在信息技术背景下,个体不断使用、采纳一项信息技术的理论模型即继续使用模型(ECM-IT)。在 Bhattacherjee 的研究中,其提出消费者是不是继续使用一项信息技术取决于三方面的前因:用户的满意程度、体验差距(confirmation)以及用户感知的有用性。ECM-IT 模型如图 3.2 所示。

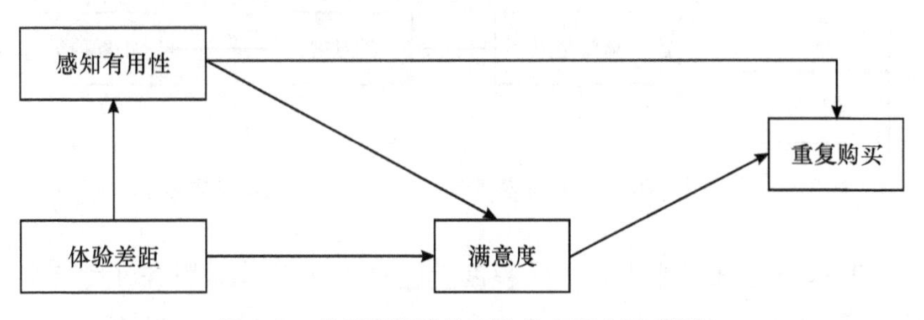

图 3.2 基于期望确认理论的 ECM-IT 模型

ECM-IT 模型对传统的 ECT 的几处修正如下:

(1)ECT 本身同时考察了消费者在消费前和消费后本身的预期和体验结果的变量,而 ECM-IT 主要考虑了消费后的相关变量,即体验差距。在 Bhattacherjee 看来,体验差距和用户满意已经可以很好地解释用户预期和本身实际获得的绩效认知的差距,基于这一变量就能有效地解释个体为什么会形成不同的满意程度,同时依据传统的期望理论来讲,个体形成满意的主要因素在于个体是不是能够得到足够的体验预期。现有的研究也显示感知绩效对用户满意的影响会由于体验差距这个变量的存在而导致相互关系不再显著(Yi,1990)。所以 ECM-IT 理论更加强调不考虑相关的前置变量。

(2)传统的期望一确认理论更多地强调使用前的预期,这种预期本质上是非体验性的预期,个体在使用相关技术或者产品之前并未形成相关产品的心理基础或者经验性的总结,在 ECM 下,体验的差距来源于使用前预期以及使用后体验差。相比而言,ECM-IT 则强调这种预期来源于使用后形成,即这种预期是经验性预期,只有当个体或消费者体验过相关技术后,体验预期与实际体验结果的改变会带来体验差距。这主要源于现有的研究,如 TAM2 认为,个体的锚定行为会随着个体经验的增加或者使用的改变而改变个人对相关技术和产品的锚点。即在这里,产品的预期是后验的,需要基于必要的信息进行不断调整的。这意味着,在 ECM-IT 理论下,个体或者消费者对相关技术的使用前预期和使用后预期是存在差别的(Karahanna et al.,1999)。事实上,这种差别也是明显的,使用前预期来自于媒体的宣传或者个体的想象,而使用后预期来自于个体的使用经历,这种经历存在明显的差别。同时,现有的研究也表明,消费者自身的使用经历对相关预期对满意的影响相对较大。

(3)在 ECM-IT 模型中结合了 TAM 模型,增加了感知有用性,而删除了使用后感知。因为在 TAM 领域的相关研究(Davis et al.,1989;Venkatesh & Davis,2000;Venkatesh et al.,2003)证实了有用性认知是影响和改变用户行为的重要变量,这种认知不会随着个人使用次数的增加或者使用经验的增长而出现大的改变,但易用性认知则会随着个人经验的增长以及相关社会基础的改变而改变,这一影响因素从长期来看本身的重要性会不断降低。因此 Bhattacherjee 利用有用性认知来替代感知绩效。Bhattacherjee 同时还提出消费者或者个体的有用性认知会受到体验差距的影响。因此,在一定程度上来讲,ECM-IT 理论和理性行为理论存在一定的一致性。感知绩效与个体对相关产品或者技术的有用性认知都和理性行为理论中的信念(belief)及结果的评估(belief evaluation)内涵相近。而 ECM-IT 模型中的用户满意(satisfaction)也体现为一种态度,因而从本身整个理论框架上来看,理性行为理论中的相关信念及评估结果会影响态度,态度最终影响个体的行为意向的模式是一致的。

尽管 ECM-IT 理论主要是针对信息技术的继续使用提出来的,但该理论本身在研究上的应用和扩展相对迅速(Bhattacherjee,2001a,2001b; Hung, et al.,2007;Ifinedo,2006;Thong et al.,2006)。有的学者依据不同的研究对象,归纳出了针对特定研究对象可能适合的 ECM-IT 理论模型,如 Premkumar & Bhattacherjee(2006)就以在线指南软件为研究对象,分析了 TAM, ECT-IT 和 ECT 的整合模型对用户继续使用相关技术的意向的解释,研究结果表明,ECM-IT 模型对于解释用户继续使用相关在线产品具有更好的解释力度。为研究移动网络的继续使用意向,Thong et al.(2006)将感知娱乐性、感知易用性等传统 TAM 构念整合到了 ECM-IT 模型中,分析了移动网络服务用户使用后的预期和体验差距对行为意向的影响。并且,他们进一步利用 ECM-IT、TAM 以及整合了感知易用性的 ECM-IT 的扩展模型分析了移动商务网络的用户对相关移动商务产品继续使用的研究。研究结果表明，加入了感知易用性的 ECM-IT 的扩展模型解释力最强，TAM 的解释力其次，再次为 ECM-IT。相比而言，Hsu et al.（2004）则将社会认知理论和 ECM-IT 模型进行了整合，通过这两个理论的整合，他们解释了用户为什么会继续使用万维网技术。Lin et al.（2005）则将感知娱乐性（playfulness）整合到了 ECM-IT 模型中，研究表明感知娱乐性对于提升 ECM-IT 理论模型具有积极的意义。总体而言，ECM-IT 理论对于解释个体继续使用意向具有很好的解释力。从表 3.1 可以看出，相关理论的研究发展在不同领域的应用和拓展得到了很好的推广。

表 3.1　基于 ECM-IT 模型的相关理论研究

研究来源	研究领域	研究内容
Bhattacherjee(2001b)	在线银行	通过扩展 ECM 理论提出并验证 ECM-IT
Bhattacherjee(2001a)	电子商务	进一步验证了 ECM-IT
Susarla, Barua & Whinston(2003)	ASP 服务	扩展并验证了 ECM-IT
Hayashi, Chen, Ryan et al. (2004)	在线学习系统	验证 ECM-IT
Hsu, Chiu & Ju(2004)	WWW	整合了 ECM-IT 与社会认知理论
Lin, Wu & Tsai(2005)	门户网站	整合感知娱乐性与 ECM-IT
Roca, Chiu & Martínez(2006)	在线学习系统(e-learning)	整合计划行为理论与 ECM-IT
Yeung & Jordan(2007)	商业电子课程	基于 ECM-IT 模型做了修改
Hong, Thong & Tam(2006)	移动网络	扩展了 ECM-IT 模型并加以验证
Thong, Hong & Tam(2006)	移动网络	ECM-IT 中整合感知娱乐性、易用性
Premkumar & Bhattacherjee(2006)	在线软件指南	验证了 ECM-IT 模型
Hung, Hwang & Hsieh(2007)	移动商务服务	在 ECM-IT 中整合了自我效能
Doong & Lai(2008)	电子谈判系统	验证 ECM-IT

虽然现有的研究问题、研究对象存在一定的差异，但对于 ECM 理论本身的核心来讲，是相对稳定的，在这个模型的核心模块中，体验差距影响个体的满意度，个体满意度影响个体行为意向是整个理论的核心。虽然Bhattacherjee提出在 ECM-IT 模型中利用性认知替代价值感知，在不同的研究领域，这种设定可能存在不同的局限性。比如其他的研究学者就有在不同的环境设定背景下将感知有易用性、感知娱乐性等整合到了 ECM-IT 模型中。基于上述分

析，本研究主要借鉴 ECM 理论本身的核心模块对模拟现实服务的虚拟服务技术继续使用意向进行分析。其核心模块如图 3.3 所示。

图 3.3 ECM-IT 模型的核心理论构念的关系

上述的基本模型中事实上包括了心理学研究中的几个基本维度，即认知、情感和行动意向，在一定程度和理性行为理论的信念一态度一行为意向上具有一致性。但这些理论本身的核心表现形式上存在一定的差异，ECM-IT 理论更加预期和实际体验的一致性差异带来的差距。

3.2.2 基于动机理论的虚拟和现实一致性理论构念构建基础

动机理论指出，个体的行为的形成包含两方面的因素，一方面主要是内在动机，另一方面则是外在动机（如 Calder & Staw，1975；Deci，1971，1972；Pinder，1976；Porac & Meindl，1982；Pritchard et al.，1977；Scott et al.，1988）。外在动机主要指相关行为、工具能够有效地提升个体行为的价值预期（如 Lawler & Porter，1967；Mitchell & Biglan，1971；Vroom，1964）。外在动机影响个人的行为主要在于其能通过相关的行为提升产出的价值，相比而言，内在动机主要是指个体的内化的激励，这种激励不会随着个体行为的改变而改变，只有当个体使用了相关产品或者技术后才可能形成相关激励（Berlyne，1966；Charms，1968；White，1959），这体现为一种内化的价值。Davis et al.（1992）指出，技术接受的相关模型中，有用性认知是一种外在性的激励，而娱乐性则更加类似于内在性的激励。

由于模拟现实服务的虚拟服务技术既是一种服务，同时也是一种网络技术，因此理解服务和网络技术背景下价值的体现形式就显得尤为重要。通过比较虚拟和现实的产品价值的体现形式的差异来分析模拟现实服务的虚拟服务技术与现实服务的价值差异来源。

3.2.2.1 服务产品价值的体现形式

既然动机主要由个体的价值感知所驱动，价值的体现形式将直接影响个体本身产生一个行为的动机的形成。对于服务生产活动而言，De Ruyter et al.（1997）认为消费者的服务感知价值包含外部价值、内部价值与系统价值三个层次。其中外部价值主要体现为消费者或者用户对相关服务及其过程的功能和实用性的认知，主要体现为服务本身带来的相关后果，这种价值表现形式和外部动机直接相关；内部价值则主要体现服务实现过程中带给消费者在情绪上、心理上的价值认知，这体现心理学中的内部动机；系统价值则是消费者因为该服务所产生的收益和付出之间的权衡的认知。这种收益和付出的权衡可以包括内部价值和外部价值的平衡。

类似的，Kaufman(1998)从客户的购买决策视角指出感知价值主要由三类主要的价值元素(value elements)组成，分别为：尊重价值(esteem value)，交换价值(exchange value)，使用价值(utility value)。Kaufman指出在消费者进行交易前，必然有至少一种价值引起了消费者的注意。在这之中，尊重价值是引起用户获得相关产品所有权兴趣的价值，这种价值和内在的动机相关性较大；交换价值则体现为付出和收益的平衡，即购买这个产品过程中是不是物有所值；使用价值指相关产品所提供的最终的产出，这种产出结果将直接体现为用户的外在动机。

Kantamneni & Coulson(1996)则把用户对产品的感知价值从社会价值、体验价值(experiential value)、功能价值以及市场价值(market value)这几个维度进行划分。在他的定义下，社会价值主要是指产品对于社会的意义或价值；体验价值则主要是指客户在使用相关产品的过程中对相关产品好坏的认知；功能价值则主要体现为产品是不是值得信任、安全好用；市场价值则主要是指相关产品是不是符合相关的投入产出比，即相对价格而言，产品是否物有所值。

Oliver(1999)给出了一个类似的价值划分，在价值划分的过程中，他把价值划分为成本价值(cost-based value)、品质价值(qualitatively value)和绩效价值(performance outcomes)三部分。成本价值主要体现为投入和产出本身的一致性，这种一致性主要体现为产品的物理质量，而品质价值则主要体现为相关产品在同类产品的比较中，达到什么样的等级程度，这直接体现为消费者对该产品的社会形象和自我形象的认知，与Sheth et al. (1991)提出的社会价值的在本质上具有一致性。绩效价值主要体现为消费过程中相关产品带给消费者本身的价值认知，即相关产品的功能是不是能够达到本身的基本要求(Sheth et al.，1991)。而Parasuraman & Grewal(2000)则主要从服务的生命周期角度提出感知价值划分个体对于价值的认知，他认为价值应该包括获取价值(acquisition value)、交易价值(transaction value)、使用价值

(in-use value)、偿还价值(redemption value)。获取价值体现的是价格收益比;交易价值体现在交易过程中的体验,交易过程中的愉悦感;使用价值主要体现为产品的基本功能特征;偿还价值是指产品或服务的终结时获得的重置利益。

整体而言,对于服务价值的划分主要从服务产品的成本收益属性、体验过程属性以及产品本身的功能属性进行划分,这是一个基本的划分模式。事实上,对于大部分的服务性行业而言,产品的价值体现过程也主要体现为以上几个方面。

3.2.2.2 网络技术产品价值的体现

相比于服务产品,不少学者对网络服务技术的价值提供了不同的分类。如 Bourdeau et al.(2002)分析了对电子邮件使用者和网站访问者的价值认知研究,他们在网络环境下共识别出五类不同的价值机制:社会价值(social)、效用价值(utilitarian)、享乐价值(hedonic)、学习价值(learning)以及购买价值(purchasing)。其中学习价值是消费者对获得信息的一种渴望,它与社会价值和功利主义价值相关。如 Han & Han(2001)将网络环境下客户价值分为"内容价值"(content value)和"情境价值"(context value)。内容价值是指客户从购买产品或服务中获得的一般收益,强调的是交易的结果;情境价值强调的是交易过程,是指从辅助功能和交易特性中获得的额外收益。而 Mathwick et al.(2001)提出在网络购物的情况下客户感知的体验价值由内部收益和外部收益组成,具体包括娱乐价值(playfulness)、审美价值(aesthetics)、客户回报价值(return on investment)和优质服务价值(excellence service)。在这一分类中,审美价值(aesthetics)和客户回报价值(return on investment)体现为外部收益价值,和外部动机直接相关;而娱乐价值(playfulness)和优质服务价值(excellence service)体现为内部收益,并且和内部动机直接相关。

事实上,从现有的技术接受领域的研究来看,多方面的因素会影响消费者对一个产品本身价值的判断。如最初的针对组织信息技术的 TAM 理论认为技术本身的易用性和有用性会影响产品的价值认知,Eighmey(1997)认为营销知觉(marketing perceptions)、娱乐价值(entertainment value)、信息价值(informational value)、易用性(ease to use)、信用(credibility)和互动(interactivity)将会影响客户的感知价值。Venkatesh(2000)则认为计算机自我效能、外部控制感知、计算机焦虑和计算机系统游戏性、娱乐性以及产品的客观的可用性会影响个体对产品价值的判断。

而在虚拟服务的电子商务服务领域，Keeney(1999)提出产品质量、成本、获得产品的时间、便利性、隐私性、购物乐趣、安全性、环境影响将会对客户感知价值产生影响。Chen & Dubinsky(2003)指出在B2C电子商务环境中体验价值、感知产品质量、产品价格、感知风险四个要素是影响客户感知价值的关键因素。Venkatesh，Thong & Xu(2012)则提出对于以消费者为基础的娱乐性技术而言，娱乐导向即个体对使用相应的技术获得的娱乐性程度，价值预期主要指个体基于成本收益的计算而得到的对一个技术使用投入而得到的收益，个体的习惯主要是指个体自动地使用一个行为的程度(Limayem et al.，2007)，它们是个体价值认知形成的重要的预测变量。

相比于传统的服务产品而言，网络技术价值认知本身的形成和影响会存在一定的差异。如网络技术的价值不仅仅来自技术因素本身，如技术本身的易用性和可用性。同时网络服务作为一种服务形式，其所提供的产品内容、体验过程以及收益付出比也会影响个体对产品价值的认知。并且，同传统的服务相比，由于个体对一项服务产品的内容和服务产品的形式存在特定的偏好，这种内容性和过程性的偏好就会形成一定的习惯性范式，即会受到个体本身习惯性因素的影响。

3.2.3 基于动机理论的虚拟和现实一致性理论构念构建

价值作为动机形成的驱动因素，理解技术接受过程中价值的表现形式、影响因素就显得尤为重要。而ECM-IT理论则认为，个体的行为形成来自于满意程度，这种满意程度主要来源于预期价值和实际体验价值的体验差异。因此要解释模拟现实服务的虚拟服务技术被继续使用的过程，关键在于理解模拟现实服务的虚拟服务技术会给个体带来哪方面的认知预期。

正如上文所指，作为一种虚拟化的服务技术，与现实的服务本身相比，其存在一定的差异性，如价值的形成可能还会受到技术性的因素如技术的有用性和易用性的影响。但作为一种服务，其本身还将受到产品的内容、体验的过程以及产品功能等方面的影响。也就是说，作为一种基本的服务技术，个体会在产品功能上、体验流程上、服务内容上形成一定的预期。而这种预期的来源则是个体对现实的体验的认知。事实上，Venkatesh et al.(2012)认为作为一种消费性的服务性技术，虚拟服务技术会给消费者带来娱乐性预期、功能价值预期以及本身习惯的差异性预期。由于这种预期的存在，个体会对相关产品和服务体验结果与个体所期望的预期进行相应的比较，这种比较将会产生在不同层面上的差异的认知。

事实上，现有的研究就指出，相比于现实的服务而言，网络服务的体验过程即实现体验价值的过程可能存在一定的优势。首先，网络本身的技术优势，其能够为消费者提供更加便捷的服务，通过网络销售的接触来获得消费者及时的反馈，并依据相应的反馈做出对应的调整。其次，相比于现实的服务，网络提供的服务能够提供更高的便利性和自主性，因为网络浏览它不受时间地点的限制，完全由自己做主，只需操纵鼠标就可以找到自己的目标产品，这样灵活、快捷、方便的购物是商场所无法比拟的。再次，网络化的销售平台使得让客户参与设计的可能性大大提升。相应的网络平台可以通过制作调查表收集顾客的意见，让顾客参与产品的设计、开发、生产，使生产真正做到以顾客为中心，从各方面满足顾客的需要，使沟通人性化、个性化。第四，虚拟化的网络服务方式能够为顾客提供更加方便和优质的服务，基于网络的虚拟服务技术能够为顾客提供一对一服务的同时，还可以为给顾客更多自由考虑的空间，避免冲动购物，可以更多地比较后再做决定。而且服务可以是 24 小时的服务，更加快捷。这样提供了快捷服务的同时降低了服务的成本。最后，基于虚拟服务的多媒体的展示能够让消费者更好地了解和对比相关产品的优劣势，网络的虚拟化使消费者可以自由地获取必要的产品介绍和对比信息，这种信息的对比能够为消费者获得更加全面的产品质量信息提供必要的保障。

但基于网络的虚拟服务技术也可能存在一定的限制。首先，在产品功能质量的对比上，传统的服务能够让消费者直接获得产品的直观认知，而虚拟服务技术在直接的感官认知上存在很大的欠缺，消费者通常无法直接观察到现实产品的情况，只能够通过网络来对比和理解相关产品的质量，如果个体不能很好地理解网络媒体对产品的质量推荐，导致产品质量网络认知和实际获得性认知的差异的可能性会大大提升，由于消费者没有实地的感受，也没法从推销者的表情上判断真假，实物总是比图像来得真实和生动。所以，对许多人来说，网上购物缺乏足够的吸引力和亲临商场的一种感受。其次，作为一种服务，体验的过程很大程度上是对服务过程本身的体验，这种体验过程反应在对产品的了解和人的沟通的过程，纯粹的基于网络的虚拟服务面对的是冷冰冰、没有感情的机器,它没有商场里优雅舒适的环境氛围,缺乏三五成群逛街乐趣,有时候,逛街的目的并不是购物,它可以是一种休闲和娱乐,或是享受。最后,相比于现实的服务,基于网络的虚拟服务在产品推荐和促销的被动性上加剧,通常网上的信息只有等待顾客上门索取,不能主动出击,实现的只是点对点的传播,而且它不具有强制收视的效果,主动权主要掌握在消费者的手中,他们可以选择看或不看,商家无异于在守株待兔,但对于现实的服务而言,通过人和人的互动,个体的促销手段和推广方式能够有效地捕捉到个体的注意力,从而提升相关产品推荐的效果。

总体而言,相比于传统的服务,虚拟服务技术除了在技术性特征上能为服务带来相应的独特性之外,如技术本身的易用性和有用性也能够改变服务的便利性、实时性和自主性。虚拟服务本身在服务性特征上也可能带来多方面的差异,如服务本身的体验方式、体验过程、体验内容以及体验结果即产品的实际功能上的差异。事实上,基于现实服务和网络虚拟服务技术价值形成来源的理解,一项服务其本身产生价值的核心在于其能够提供必要的体验的价值以及功能的价值,而对于这两种价值而言,正如上文对这两种价值在不同情况下的对比可以发现,在网络虚拟化背景下其所产生的形式会与现实服务背景下存在巨大差异。进一步地说,基于动机理论的分析,个体之所以产生特定的行为,主要是因为其存在一定的内在动机和外在动机,内在动机作为一种内化的行为,一个旧有的事物之所以存在是由于它提供了个体必要的需求,而这种需求的满足会为消费者带来一定的内化激励,这种内化的激励通过特定的习惯和行为或者体验方式得以实现(Venkatesh et al.,2012),因此,个体的习惯以及体验预期在这个过程中会受到很大的影响。价值预期作为外在的动机形成的重要因素,功能性价值体现为产品价值的直接体现形式,是个体对一项服务价值形成的重要组成部分,将直接决定个体对一项服务的满意程度。

因此,基于对服务技术和网络虚拟服务技术价值形成的来源和影响因素的理解,本研究将主要从客户体验、产品功能价值和消费者习惯等方面来划分虚拟服务技术和现实服务技术在生产过程中的一致性差异。即虚拟和现实的一致性的主体构念主要体现为体验价值一致性、功能价值一致性以及习惯一致性。

3.3 满意度理论

对于满意度形成的基础理论研究，主要的研究来自于两个领域，即心理学领域和经济学领域。在心理学领域相关的研究主要聚焦于如何实现个体满意的形成，以有效激励相关个体；而在经济学领域则主要聚焦于相关社会的变化和发展，如经济增长、社会福利的改变对社会中的个体的满意度会产生什么样的影响。但在整个理论体系的发展上，在相关理论的研究中具有很高的交叉和相似性，整体而言，相关的研究主要体现为结果和过程以及规则会如何影响个体的满意行为。

关于满意度的研究最早来源于心理学领域，在这一阶段，相关的研究主要采用主观幸福感表达个体对社会生活的满意程度。围绕这一领域的研究相对比较多，研究问题也比较多元化，具体而言主要集中在三个研究领域中，即精神卫生、生活质量以及老年社会医学。不过这三个领域，对于相关构念的定义和形成存在比较大的差别：如在生活质量的研究上，主要将主观幸福感定义为人们对自身生活满意程度的认知评价，精神卫生上的主观幸福感则认为幸福感取决于在一个时间段内的积极情感和消极情感的平衡，往往针对老年、儿童等特殊群体。在一定程度上讲，满意度相关的研究同时还分为特殊领域的生活满意度和总体生活满意度，特殊领域的满意度主要聚焦于某一具体事务，如个体的工作、学校、社区等，而总体生活满意度主要对生活总体的质量做整体性的评估。

在心理学领域关于满意度的研究最早起源于人们对工作激励促进机制的分析，研究者们希望理解如何通过报酬或者相关外部条件的改变和供给以提升个体对获得的回报（包括有形的和无形的）的满意度水平。在相关的理论研究中，研究学者从不同的角度构建出了需求层次理论、期望理论、目标理论、社会比较理论、归因理论等。而在经济学界对社会满意度的重视起源于人们发现经济增长会对个体社会满意度产生影响，而这种影响会对社会的发展形成各方面的影响，这种探索最终形成了独特的福利经济学理论系统，同时在这基础上提出了 Easrerlin 悖论。即由经济学家 Easrerlin 在他的著作《经济增长可以在多大程度上提高人们的快乐》中通过考察美国 1946—1974 年收入增加与人们幸福感知增加的情况，提出经济收入的增长和人们幸福感的提升其实并不同步,经济增长在本质上并不会推动个体的满意度、幸福度的提升。在此后,大量的学者开始关注经济增长如何对个体社会满意度产生影响的作用机制,并推进了社会福利经济学的发展。

而最新的研究中,行为经济学家如卡尼曼对公平和经济发展的研究与开拓将心理学领域满意度的研究与经济学的研究进行了有效的结合,他认为公平是个体本能性的偏好,只有个体对公平度认知的提升才能有效提升个体的满意程度。在这样的研究的背景下,相关的理论摈弃了物质资料对满意度具有决定性作用的理解,而将这些资料作为形成个体满意度的必要基础来看待。

对于满意理论的研究,在现今的理论体系下,相应的理论体系显得相对成熟,相关的理论研究拓展显示出萎缩的态势,但如果仅仅以这样的发展趋势来判定我们的社会学家、心理学家或者经济学家对这一方面的理论开发已经不存在什么兴趣的话,那么可能会形成一定的理论发展误区,如关于公司资源管理信息系统对个体满意度的影响,在一定程度上开拓了满意度理论在信息化社会背景下的发展(Morris & Venkatesh,2010)。而 Chen 等(2011)的研究则将满意度理论研究从静态的基于绝对值的分析拓展到了动态的相对惯性值的影响上,虽然在对满意度的研究存在动态的跟踪研究(Bentein et al.,2005;Boswell et al.,2005;Boswell et al.,2009),但将满意度研究本身的动态变化模式用于分析,这在研究趋势上相对比较新颖。近期的研究如对个体个性特征在不同的外部过程公平环境下个体满意度的形成过程将满意度理论的研究进一步从外部环境拓展到了个体本身特性上(Judge et al.,2002;Li et al.,2010),在这样的背景下,研究有必要对现有的理论体系进行进一步的梳理,了解已有的研究理论体系及其相互间的关系,最为重要的是,理清未来在各个研究方向上可能可以进一步拓展和深化的研究,这将有助于研究理论的发展和我们对满意度形成和作用机制的理解。

3.3.1 满意度理论研究现状

满意度是人们对物质精神状况方面的一种主观上的心理满足程度,满意度与激励、需要和动机有着密切的关系。在满意度研究中,理论上讲主要包括4类研究问题:(1)哪些因素会影响人产生满意和不满意?(2)对于特定的分配结果,人产生不满意的机制是什么?(3)过程、政策为什么会改变人的满意度?(4)如何改变过程、政策以实现满意度提升?对应于这4类问题,可以将满意度的研究及其理论划分为4种类型，即主动—内容性、反应—内容性、主动—过程性研究、反应—过程性理论。

对于主动—内容性的研究理论，相关研究主要关注哪些因素会影响人产生满意和不满意。对于这一问题的研究理论最早来自马斯洛的需求层次理论。马斯洛需求层次理论（Maslow's Hierarchy of Needs），亦称"基本需求层次理论"，是行为科学的理论之一，由美国心理学家亚伯拉罕·马斯洛于1943年在《人类激励理论》论文中所提出。人类的需求层次包含至少5个层次，即生理上的需求、安全上的需求、情感和归属的需求、尊重的需求、自我实现的需求。而另外两种需求——求知的需求和审美需求未被列入他认为的个体的需求层次中。在他看来，这二者应主要还是居于尊重与自我实现的需求之间。事实上，现有的相关研究表明，对于不同的个体而言，个体拥有的物品或者生产资料的多少在很大程度上决定他未来获得的回报所带来的效用，只有当个体所付出的努力得到了个体本身需求的相关层次和目标，个体才可能达到满意。与此类似的还包括戴维·麦克利兰的成就需要理论以及奥德弗的ERG。与以往的研究不同的是，最近的研究从这种基于外部的资源获取觉得个体本身满意水平的理论向个体本身内部特性方向发展（Arvey, Bouchard et al., 1989; Staw et al., 1986; Staw & Ross, 1985; House et al., 1996; Judge et al., 2002），最为突出的研究如五因素理论（Judge et al., 2002），这一理论不仅仅将个体特性对满意度的影响做了很好的总结，同时更是将外部客观影响因素的研究向内部主观个体特性方向转变。

在20世纪60年代末期，Herzberg(1969)提出了双因素理论。在这一理论中，他指出人们需求的满足并不能总会带来个体的积极性的提升，个体积极性的提升和个体在多个方面的因素直接相关。这些因素可以概括为激励因素和保健因素两个方面，所谓的激励因素主要是指认可、工作本身、责任和成就等与工作本身有关的内容，保健因素包括公司技术监督、薪水、政策和工作条件、管理方式以及人际关系等与工作环境有关的内容。在他看来，只有激励因素才能够给人们带来满意感，而保健因素只能消除人们的不满，但不会带来满意感。事实上，从公平理论的角度来看，相关的保健因素与激励因素的本质区别就在于一个是体现为社会的"平等因素"，而另一个是体现为个体价值的"公平因素"。凡是社会的公共品，被个体所共同享有的、共同面对的、共同承受的就是平等因素，而与其工作质量、工作职责、工作目标紧密统一的，按照工作的结果分层次、分等级、个体独立去承受与面对的则就是公平因素。

在满意度研究发展的过程中，前期的理论研究将满意的主要来源归结于最终结果的获得和本身所期望的产出的结果对比，如期望理论的产生，期望理论在需求层次理论的基础上，对个体满足效用的获得进行了更加深入的分析，将目标设置与个人需求进行了统一，并用于解释个体的行为。期望理论认为，个体对某一产品、获得的收益的满意度水平取决于个体在获得相关回报前的期望，如果低于个体的期望，那么满意度水平就低，高于个体的期望水平则高。在这一理论的基础上，Kahneman & Tversky(1979,1984)提出了前景理论，他们认为人本身的满意度会受到期望值的影响，而这种期望值的来源在于以往本身的经历所得，如去年年收入为12000美元的个体，他本身的满意度取决于与今年年收入12000美元的对比。随着研究的深入，什么类型的影响因素会影响个体的满意和不满意的形成已经不能满足研究者的探知欲，在哪些因素会影响人们产生满意和不满意的研究基础上，研究者开始探索为什么这些因素和分配结果会改变个体的满意度水平，即反应一内容性理论，这类研究主要关注对于特定的分配结果，人们产生不满意的机制是什么。如Jasso(1980)提出的公平指涉理论，在他看来分配结果会影响个体满意度的认知主要原因在于个体在分析分配结果是否合理时，会将这一分配结果与个体所认同的相对公平合理的环境下的假想性的产出进行对比，如果对比的结果和本身期望的结果出现差异，就会改变个体对结果公平性认知，从而改变个体的满意度水平，在他看来这是一种内部对比的结果，外部对比不是主要的原因。当然，在这一类型的理论研究中，Stouffer et al.(1949)通过对美国南北方黑人军人个体满意度差异的对比提出的相对剥削理论认为，满意来源于个体对同在本地区的社会群体的对比，而不是基于外部任意群体的对比，正是这种对比产生的差异导致个体对分配结果产生不同的满意度认知。在这之后，相对剥削理论也有了很大的发展，Davis(1959)，Runciman(1966)以及Crosby(1976)都对相对剥削理论做了相应的研究。这些研究中以Crosby(1976)对相对剥削理论的解释最为丰满，在Davis(1959)和Runciman(1966)的基础上，他提出个体对产出产生不满可能来源于以下几方面的原因：(1)产出结果和他们所需求的不一致；(2)他们对比的群体获得了比他们更多的产出；(3)他们期望的多而得到的却少；(4)未来获得更高产出的机会低；(5)他们认为自己工作价值值得获得的更多；(6)缺乏获得希望获得成果的权利。随着研究发展的深入,满意理论的研究从静态的形成过程向动态的变化过程发展,如资源保存理论就指出,个体满意的改变可能源于个体不断地失去本身的重要资源,而在失去的过程中,个体不得不不断地寻找替代性的资源以弥补缺失,这种不断获得和失去的过程带来个体满意度的改变。这类研究的发展,有效地解释了个体为什么会对产出的结果产生不满(Hobfoll,1989)。

随着研究的不断发展,研究者发现不仅仅最终产出会影响个体的满意度认知,过程、规则也会影响个体对满意度的认知改变。反应一过程性研究理论,正是突破了传统的基于结果分配的分析,将问题引向关注过程、政策为什么会改变人的满意度。而过程公平理论的发展将社会满意度的形成从结果导向向过程和结果并重的方向发展,即个体对满意度的感知不仅仅取决于个体对最终结果和期望结果的对比或者同类群体的对比,个体在这个过程中对分配制度公平的感知程度将同时决定个体对最终满意度的形成(Greenberg & Folger,1983;Mcfarlin & Sweeney,1992)。事实上过程公平的研究认为,过程公平在一定程度上决定结果公平对满意度的影响,并且只要过程是公平的,个体认为结果也会是公平的(Greenberg & Folger,1983),从而提升个体的满意度,而在这个过程中,最重要的在于体现个体的能力价值和个体被组织的认同感。相比于前期个体如何对本身实践过程的公平认知以及在这个过程中本身能力的实现影响个体满意的理论,近期的研究将这种静态的作用模式向一种动态的模型转化,即解释个体满意度是如何变化的,如螺旋理论(Hsee & Abelson,1991;Lindsley et al.,1995)、意识理论(Louis,1980)和冲量理论(Chen et al.,2011),这些理论的重要特点就是解释了在工作或者生产的过程中个体经验的积累会如何改变个体的满意认知改变,如螺旋理论就认为,个体满意呈现出上升或者下降的趋势不是凭空产生的,这是个人对于工作经历和经验积累的结果,他可以反映个体对于工作感受的基本变化(Hulin,1991;Mobley,1982)。

对应于心理学领域的研究,福利经济学提出个体社会满意度的获取机制是由个体能力价值的体现来实现的,相关的理论表现为 Sen 的可行能力理论。可行能力理论认为个体会不断地追求和珍视个体所拥有的生活自由和相关的状态,生命的幸福度在与个体能在多大程度上有效地利用个体所拥有的资源实现有效的个体的价值(Sen,1992),在这样的情况下个体本身价值的体现形式将决定个体的社会福利水平。而本质上而言个体所获得的功能性活动和可行能力是和个体本身的相关特征、能力直接相关的,因此在不同的情况下,相同的资源被不同的人在不同的环境下转换成不同的功能性活动将可能产生不同的社会福利。不过,由于个体的能力在一定程度上是不可见的,因此个体本身的有效转化程度在一定程度上是难以测度的,但 Sen(2002)指出在现有的测度方法上,收入在一定程度上可以看作是对个体能力的度量,因此,从经济发展的角度来看,经济发展带来社会个体收入的提升在一定程度上能够改变个体价值的实现程度,因此社会福利的增长很大程度上有赖于社会经济的发展。事实上,过程公平理论研究进一步的发展为可行能力理论提供了很好的理论支持,Mcfarlin & Sweeney(1992)的研究指出,过程公平在一定程度上决定结果公平对满意度的影响,并且只要过程是公平的,个体认为结果也会是公平的(Greenberg & Folger,1983),从而提升个体的满意度。

主动一过程性理论研究中,这类问题研究主要关注如何改变过程、政策环境以实现满意度提升,如 Schulz & Heckhausen(1996)提出的成功控制理论。和前期的研究相比,以往的研究主要聚焦于个体工作的满意程度,聚焦于相关的工作职能和工作程序角色所带来的个体的产出效用,Schulz & Heckhausen(1996)针对个体在不同的年龄阶段、生理和职业能力的差异提出了成功控制理论,以解释随着个体的发展和成长,个体本身的幸福感的来源。成功控制理论主要的核心在于他们认为个体在各个阶段主要通过选择合理的目标,通过不断地实现在这个阶段设定的相关目标以实现个体人生价值,即通过有效地控制个体的目标和欲望以达到个体社会福利的最大化。控制理论的核心在于个体会依据个体本身的能力和发展阶段对于不同的发展阶段和社会环境有效地调整个体的状态,从而让各个阶段的目标得以实现。从 Schulz & Heckhausen(1996)的控制理论来看,其主要包含 4 类控制策略:(1)选择性一级控制,指集中时间、精力、能力和技能等资源最大化地全力投入选定的目标中;(2)选择性二级控制,主要指去追求目标,实现相关的内部表征,相关的内部表征主要体现为对选定的目标采取有价值的归因以及对备选的相关目标的价值进行负面的评价;(3)补偿性控制,主要指当个体由于生理等各方面的因素不能有效地实现相关目标时可能采取的补偿性的措施;(4)补偿性二级控制,主要指当个体无法达到目标时需要通过改变个体内部的心理表征和消除相关的情绪、抵触机制的控制策略（Heckhausen & Schulz，1991；Heckhausen，1999）。对于个体而言，个体处在不同的发展阶段和环境中，个体可能采用不同的控制策略，如 Wrosch et al.（2000）的研究显示，在个体健康和财政出现问题的情况下，个体可能采用二级控制以获得主观幸福感。总体而言，对于年轻人通常是达到目标更加容易获得幸福感，而老年人则通过再评价来获得幸福感（姜雁斌，2012）。

对社会满意度的分析主要总结了其研究的起源、发展以及在各个学科的发展背景。对社会满意度发展的研究表明，在满意度研究的发展进程中，对于其形成机制的研究在不断地为社会经济发展和形成更加有效的管理激励机制提供有效的理论基础。

对于满意度研究在心理学领域的发展及其理论研究的分析表明，满意是一种个体的感知，这种感知的来源不仅仅取决于个体期望的产出与实际产出之间的差距，还有赖于个体在参与生产中过程的感知，最终的产出仅仅是决定个体满意度的必要而非充分条件，结果和过程的有效综合在一定程度上将决定个体最终的满意度的水平。在经济学领域的相关研究也支持了这一观点，行为能力理论在一定程度上说明了个体满意的效用来源不仅仅是对最终结果的感知，对个体能力价值的实现是个体效用最大化的重要促进机制。

在现有的研究中，满意研究理论的发展可以说进入了新的发展阶段。以往的研究主要聚焦于组织层面的个体，通过本研究的分类和总结，对以往研究理论有了一个系统的了解，尤其是这些理论相互间的关系以及形成的背景，在未来的研究中，本研究也提供了研究者本身的见解。即在研究大背景下，研究理论的开发将以组织性的研究从组织和社会层面共同发展。而在细化的研究领域上，研究的发展更加倾向于从内容转向过程，从主动向反应性理论发展。

本研究首先理清了以往研究在各个层面的关系，这些理论关系及其产生背景的梳理，将能够降低未来研究中理论解释和混淆应用的情况，提升未来相关领域理论开发和个体对相关理论领域发展的认识。其次，本研究通过对不同领域理论的梳理，为未来研究的理论发展提供了方向，尤其是对相关领域现在关注的焦点问题的分析以及相关问题背景的解读，将有助于研究者在现有的理论体系下寻找新的理论研究问题，通过新的视角来思考以往研究中的不足。最后,在理论体系的开发中,通过对现有理论体系之间关系和研究问题的分析,能够让研究者更加有效地寻找到现有理论契合点之间的空白,或者说在新的背景体系下传统理论分析范式的不足,这对于开发新的理论体系有着重要的价值。

可以说在以往的研究中,对于组织中个体满意度的研究有效地提升了组织的人力资源管理,理解组织中个体行为产生的原因,对管理理论和实践都起到了积极的推动作用。但在新的发展背景下,如信息化、社会化的背景下,这些理论可能面临新的拓展需求,如当考虑个体的双重身份特性的背景下,个体的社会满意的形成机制的理论构建等,这些问题的研究将有助于社会管理、经济稳定发展,这将对现有理论和实践体系进行有效的完善和补充。

当然,本研究也存在相应的不足,事实上,随着研究发展的推进,现有的满意理论研究仅仅研究组织内部个体的满意转向组织、员工如何影响顾客满意,本研究考虑到这类研究主要体现为研究界面的变化所带来的研究对象的变化,即研究组织、员工界面向组织、员工和顾客界面的变化,这些研究主要涉及从政策制定方的行为出发来进行考虑,因此并未将这类研究独立出来,这是研究的一个缺失,但从理论的角度来讲,这类研究存在很大的内在统一性,如交互性对满意的影响。未来的研究可以在这一方面进一步进行拓展。本研究由于自身空间有限,在研究的过程中只选择了部分具有代表性的理论和研究进行分析,这并不代表其他的理论和研究本身在理论上的贡献存在缺失,本研究选择这些理论和研究更多的是基于这些理论本身的代表性以及各类理论之间的有效连接,能够在整个理论框架前提下让研究者获得更加明晰的了解,同时通过整合和分析这些具有代表性的理论研究能够获得最新的研究发展趋势。

3.3.2 满意度研究评述

对社会满意度的分析主要总结了其研究的起源、发展以及在各个学科的发展背景。对社会满意度发展的研究表明,在满意度研究的发展进程中,对于其形成机制的理解在不断地为社会经济发展和形成更加有效的管理激励机制提供有效的理论基础。

对满意度研究在心理学领域的发展及其理论研究的分析表明,满意是一种个体的感知,这种感知有赖于个体在参与生产中过程的感知,同时还可能来源于个体期望的产出与实际产出之间的差距，最终的产出在很大程度上会决定个体满意度水平。当然，在生产、生活过程中结果和过程的有效综合在一定程度上将决定个体最终的满意度的水平。在经济学领域的相关研究也支持了这一观点，行为能力理论在一定程度上说明了个体满意的效用来源不仅仅是对最终结果的感知，对于个体能力价值的实现是个体效用最大化的重要促进机制。同时，过程理论也在一定程度上说明了满意度在个体消费服务的过程中的形成机制。和有形的产出不同，这种满意度的形成有赖于个体在消费相应服务的过程中的个体的体验，而这种体验结果预期与体验结果之间的差异是最终个体形成满意度的源泉。

事实上，对于个体社会满意度的相关研究理论在一定程度上都形成了相当成熟的理论基础，并且在电子商务领域也有独特的研究理论来证实相关理论的重要性，如 ECM-IT 理论，这一理论本身就是基于期望理论的拓展，这一拓展有效地解释了个体为什么愿意继续使用相关信息技术。本研究主要基于体验满意的形成来源来解释个体为什么愿意在存在多种竞争性技术的背景下去使用相关的虚拟服务技术。

3.4 小结

基于 ECM-IT 理论以及动机理论，本研究提出体验差异是形成个体使用模拟现实服务的虚拟服务技术的重要决定因素。为解释价值差异的来源，本研究重点分析了服务技术本身和网络服务技术本身在价值的表现形式和来源上的差异性。即对于服务技术而言，其价值的形成和表现形式主要来自消费者的体验、产品的功能认知以及产品投入产出收益认知。相比而言，网络的服务技术价值则要复杂得多，如其价值不仅仅来自消费者的体验、产品的功能认知以及产品投入产出收益，同时还有消费者在传统领域里面的消费习惯以及技术性的因素，如技术的有用性和易用性认知。因此，本研究提出模拟现实服务的虚拟服务技术的技术接受主要受到体验价值一致性、功能价值一致性以及习惯一致性三方面因素的影响。而技术本身的易用性、有用性等在多方面竞争性替代者的环境下，更多地表现为一种必要性的基础条件。

相比于传统的技术接受理论，本研究认为，在模拟现实服务的虚拟服务技术接受的过程中，技术的接受更加需要关注服务性因素的影响，而这种服务性因素的影响不仅仅来自于服务的过程，同时个体将会将相关的服务过程与现实的服务过程进行直接的比较，这意味着个体的体验是传统服务体验和虚拟服务体验的结合。依据传统的期望理论，研究认为这种体验满意的来源来自期望和收益的对比。因此本研究认为模拟现实服务的虚拟服务技术本身被接受的过程主要体现为技术本身在多大程度上能有效地给消费者带来服务性的价值。

4　理论模型和假设

本章主要就上文虚拟和现实的一致性会如何影响个体对技术的接受提出相应的假设。基于本研究的核心，研究主要体现虚拟和现实的一致性差异即体验价值的一致性、功能价值的一致性、习惯的一致性会如何影响个体对相关技术的继续使用意向。同时技术的发展也带来额外的价值，如技术本身的易用性、有用性和娱乐性等技术性特征。通过分析三类一致性中带来的技术性特征如易用性、有用性和娱乐性的差异，分析个体会如何改变相关技术的接纳程度。

4.1　概念模型

4.1.1　理论基础

依据第 2 章对于现有的传统的技术接受理论系统的介绍，本研究指出在现有的研究体系下，随着信息系统本身的发展和研究对象的拓展，如从传统的组织内工具性的信息技术的采纳向以社会化的消费型的信息技术的转化，带来了技术采纳特性和理论的变革。总体而言，技术的采纳更加强调技术之间的价值性比较，强调技术采纳会如何随着时间的变化而改变个体的行为导向，同时还开始强调技术本身的娱乐性功能。传统的信息技术在多种竞争性技术的背景下，技术本身的有用性和易用性功能成为技术采纳过程中的必要而非充分条件。因此，理解技术采纳的行为，尤其是当一类技术是对传统的消费行为进行替代的服务行为的时候，消费者会对不同的服务进行不同方面的比较的时候，理解这类服务技术的采纳有赖于新的理论模型的构建。在这样的背景下，Bhattacherjee 等人基于期望一确认理论提出了系统继续使用模型(ECM-IT)。这一理论的核心在于个体对一项技术采纳行为的发生，取决于本身对某一技术使用后形成的期望以及再次体验后得到的价值认知之间的体验差，这种体验差在一定程度上决定了个体是不是能够获得足够的满意度的支持，以继续使用相关技术。具体如图 4.1 所示。

这一理论系统得到了多方面的研究的证实，如 Premkumar & Bhattacherjee (2006)分析了 TAM、ECT-IT 和 ECT 的整合模型对用户继续使用相关技术的意向的解释。研究结果表明，ECM-IT 模型对解释用户继续使用相关在线产品具有更强的解释力度。为研究移动网络的继续使用意向，Thong, Hong & Tam(2006)将感知娱乐性、感知易用性等传统 TAM 构念整合到了 ECM-IT 模型中，分析了移动网络服务用户使用后的预期和体验差距对行为意向的影响。并且，他们进一步利用 ECM-IT、TAM 以及整合了感知易用性的 ECM-IT 的扩展模型分析了移动商务网络的用户对相关移动商务产品继续使用的研究。研究结果表明，加入了感知易用性的 ECM-IT 的扩展模型解释力最强，TAM 的解释力其次，再次为 ECM-IT。Lin et al. (2005)则将感知娱乐性(playfulness)整合到了 ECM-IT 模型中。研究表明，感知娱乐性对提升 ECM-IT 理论模型具有积极的意义。总体而言，ECM-IT 理论对解释个体继续使用意向具有很强的解释力。虽然在整体的研究中可以通过一定的修正改善相关理论系统对某一信息技术本身的接受行为的理解，但对主体的理论框架即体验差一满意一采纳的决定性意义是都持肯定的态度的。

同时，随着信息技术的发展和普及化，虽然技术性特征仍然很重要，但随着技术多元化的出现，个体性的特征带来的影响越来越被人们所重视，特别是 Venkatesh et al. (2012)提出的拓展整合技术接受模型(UTAUT2)，在原有的 UTAUT 模型的基础上拓展了娱乐性、习惯性等影响因素。因此，在一项服务技术尤其是模拟现实的服务技术拓展的过程中，一项非常必要的考虑就是对应于现实的服务，相关虚拟服务技术在多大程度上能够改变替代现实服务本身存在的服务特性。而这些服务特性的满足在很大程度上将决定技术是不是能够被消费者所接受。

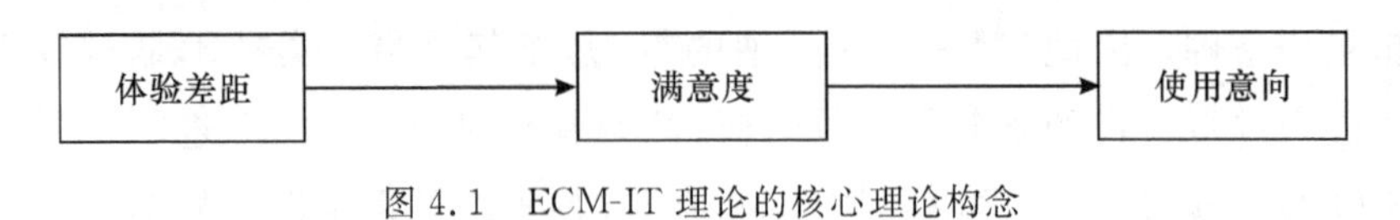

图 4.1 ECM-IT 理论的核心理论构念

4.1.2 概念定义和模型

在第 3 章理论基础部分，本研究重点阐述了基于动机理论，形成一定的行为需要内在动机和外在动机两方面的因素,而相关的动机的形成取决于个体对价值的认知。因此对于模拟现实服务的虚拟服务技术而言,这本身既是一种技术,也体现为一种服务。因此,在这个过程中,不仅仅要体现出技术性的特征,更为重要的是体现出服务性的特征。因此,本研究提出对于服务技术而言,至少需要考虑以下几方面的价值形式,如成本收益价值、体验价值以及功能价值。而对一项技术而言,其还可能会受到娱乐性特征以及个体的习惯性特征等的影响。虽然传统的理论认为易用性和有用性会存在非常重要的影响。但在存在多方竞争尤其是作为和现实的服务存在直接竞争的背景下,这些特征更加被看作是一种必要而非充分的基础条件。因此,本研究提出,对于模拟现实服务的虚拟服务技术而言,习惯的一致性、体验价值的一致性和功能价值的一致性是虚拟服务技术被采纳的重要影响因素。在这里,习惯一致性被定义为相比于个体在现实中的消费习惯,虚拟服务技术在多大程度上能够让消费者保持在现实世界中的习惯。体验价值的一致性则定义为相比于现实中服务过程中获得的相关体验,个体在接受虚拟服务技术的过程中,相关的服务方式在多大程度上能够让消费者获得在现实消费过程中的体验。而功能价值的一致性,主要是指在网络中所消费的相关产品,在多大程度上是符合个体对其在功能上的预期的。这种预期的产生源自个体对相关产品描述性语言的构建,也可能来源于在现实中传统的消费服务得到的产品的基本功能价值的认知。

相比于传统的技术接受理论而言,本研究认为模拟现实服务的虚拟服务技术的继续使用更加注重其对现实服务技术的替代。因此,其作为一种服务技术,可能和现实的服务技术存在直接的竞争,这种竞争主要来源于个体在相关服务消费过程中形成了一定的习惯、获得过相关的体验,这些前置性的因素导致个体形成一定的服务技术功能的锚定。同时,这种技术与现实服务技术的一致性在很大程度上将决定个体对相关技术本身体验的满意程度,并最终形成对相关技术的继续使用意向。同时作为一种信息技术,其本身的技术性特征将会决定和影响个体的体验结果,正如 ECM-IT 理论本身所设定的一样,技术本身的特征也会影响个体对相关技术的继续使用,如传统的技术接受模型认为技术本身的有用性、易用性和娱乐性特征是非常重要的决定变量。如在 UTAUT2 的模型中就认为,在消费性技术的背景下,技术本身的娱乐性特征是非常重要的决定因素。因此,本研究通过整合动机理论、ECM

理论和传统的TAM理论，认为虚拟和现实的一致性程度会很大程度上影响用户满意程度并进而影响个体的继续使用意向。同时相关技术本身的技术性特征将决定技术本身的用户满意程度，如技术本身的有用性、易用性以及娱乐性特征等。最后，本研究认为相比于现实的服务技术，虽然虚拟服务技术和现实中的服务技术存在习惯性和体验价值上的差异，但如果相关技术在有用性、易用性以及娱乐性上能够得到很大的改善，也就是说相关技术带来的习惯性预期和体验性预期大大超过了其本身在现实服务中所获得的体验认知，那么相关技术本身的用户满意程度也将大大提升。基于图4.2提出的概念模型，本研究将细化分析本研究提出的理论的作用机制。

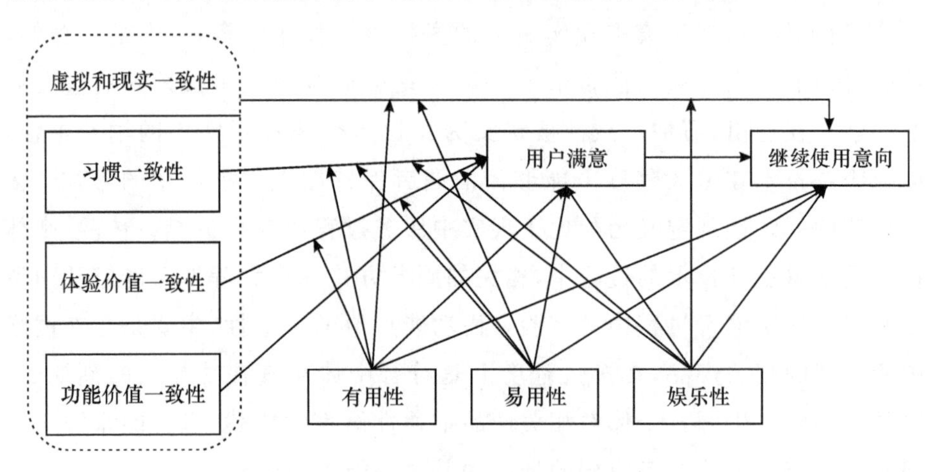

图4.2 本研究的概念模型

4.2 理论假设

4.2.1 虚拟和现实一致性与用户满意、继续使用意向

在虚拟和现实一致性理论中，虚拟和现实的一致性主要体现为习惯的一致性、体验价值的一致性以及功能价值的一致性。而基于ECM理论，这种一致性本质上表现为现实体验形成的基本预期同虚拟服务技术本身的实际体验的差异(Oliver,1980)，因此对于形成客户本身的满意程度具有决定性的作用(Spreng et al.,1996)。体验的预期在以往的研究中主要有两种不同的形成方式，一种是传统的以ECM理论为基础的基于先验性的认知预期，即对于消费者而言，这种预期是在未尝试过相关消费之前而形成的一致不确

定的消费认知。而ECM-IT理论则不同,认为体验的预期来源于前一期的实际的体验结果,这种体验结果、过程对于形成下一期的体验预期形成一定的锚定,并最终形成一定的预期认知。在本研究中,由于网络化的服务技术是现实服务技术的一种替代和虚拟化,因此,对于消费者而言,传统的服务技术将给消费者形成一定的消费价值认知。本研究也认为基于现实消费的认知来构建相关的体验具有更加直接的理论和现实意义。因为对于消费者而言,虚拟服务在多大程度上能够满足现实服务技术的相关功能将很大程度上提升个体的消费价值、满意度认知。

而对于虚拟和现实一致性变量即体验差距变量,以往的研究一般采用三种基本的处理方式。首先,是客观的,即通过外部判断者的判定来实现(Hayashi et al.,2004)。相关的判定结果依据一定的评估过程进行,这一评估过程是通过现有的标准而进行的(Olshavsky & Miller,1972)。其次,则是通过推断方式来实现,这一构念的形成主要基于比较理论,比较理论认为体验差距是用户在使用前对产品的预期和用户使用后感知到的产品绩效的一种代数差,即体验差距的测量用用户最初的预期减去用户体验到的绩效,体验差距通过个体最初对相关产品的预期与使用后对相关产品的认知的属性排列的变化来进行推断(Swan & Trawick,1981)。最后,则是主观感知。主观感知主要通过量表的方法来实现,让消费者主观地评判其个人体验到的相关消费的体验以及其个人最初的预期的比较来实现(Tse & Wilton,1988)。本研究基于对相关技术特性的考虑,主要采用了主观认知的方式来进行体验差距的测度,即在研究的过程中,通过量表的形式测量消费者对于相关虚拟化的消费服务与现实服务之间的差距来体现。即这种体验差距是基于现有消费体验的预期的,通过对虚拟服务后的体验差异的比较得到。当体验到的价值越大于(在现实中消费服务)预期价值时,体验差距的正向值越大;当体验到的价值越小于(在现实中消费服务)预期价值时,体验差距的负向值越大。

对于虚拟和现实的一致性和满意度之间的关系而言,现有的理论如ECM和ECM-IT理论都认为,消费者本身的预期如果得到高度的满足,那么个体的满意程度会大大提升。如Yi(1990)通过现有理论研究进行大量的综合分析后,期望一确认理论具有高度的理论外在效度,即当个体本身对一项服务本身的预期相对较低,但实际消费过程中获得较高的价值认知的时候,个体会有更加高的满意程度,因而导致更高的满意和重复购买意向。Oliver

(1993)则通过对照相机的重复购买研究分析认为,体验差异对用户满意具有支配性的影响。在营销服务领域,ECM理论对消费者的影响是具有重要的主导性价值的。即在相关的研究中,很大程度上都证实了期望的消费价值在得到最大程度的满足的情况下,个体会有最高的满意程度(Churchill & Surprenant,1982;Oliver,1980,1993;Spreng et al.,1996)。而在ECM-IT理论中,现有的研究也都证实了消费者本身的消费预期的满足程度,将决定个体本身的满意度(Bhattacherjee,2001a,2001b;Hung et al.,2007;Ifinedo,2006; Thong et al.,2006)。

具体而言,对一个消费者来说,其对于消费一类服务具有一定的预期,这些预期来源于之前形成的消费认知。这种消费认知使得个体在消费一类服务的过程中会更加关注相关网络化服务过程中所提供的一些焦点信息,如和习惯类似的服务方式、形成特点,体验结果的服务方式的认知。即原有的消费方式决定消费者形成信息接收的基本框架系统,这种框架系统会自动地决定消费者本身的消费体验认知、价值认知(Ajzen,2002)。如果在这一消费过程中相关的体验认知存在缺失或者关键信息不能有效获取,个体对体验的满足程度就会下降。而同时,这种一致性的提升也会大大提升个体对相关技术继续使用意向,因为对于个体而言,习惯是一种长期形成的难以更改的惯性,如果这种惯性行为能够在相关技术中得到延续,那么这种延续会使得个体不断增强相关行为的实践。最后对于体验和功能一致性而言,依据UTAUT2的模型,这种一致性很大程度上能够推动个体对相关技术的认同度,并且带来对现实相关服务本身的替代的可能性的认知,在这样的情况下,个体会很大程度上倾向于继续使用相关技术。因此,本研究提出以下假设:

假设1a:习惯一致性认知对个体的满意程度具有正向影响。

假设2a:体验价值一致性认知对个体的满意程度具有正向影响。

假设3a:功能价值一致性认知对个体的满意程度具有正向影响。

假设1b:习惯一致性认知对个体的继续使用意向具有正向影响。

假设2b:体验价值一致性认知对个体的继续使用意向具有正向影响。

假设3b:功能价值一致性认知对个体的继续使用意向具有正向影响。

4.2.2 技术性特征与用户满意

相关技术性特征对用户满意存在着正向影响被很多的研究所证实。

如陈明亮(2003)就基于交易成本理论和投资收益模型理论构建了客户重复购买意向模型。在该模型中,他认为客户感认知价值、客户满意以及转换成本是客户重复购买意向的主要决定因素,而基于利益满足视角的满意度理论就认为客户的认知价值同时也会影响客户满意。Patterson et al.(1997)的研究也认为感知价值如相关技术的有用性特征对用户满意存在着显著的作用,进而通过用户满意这一中介变量对用户重复购买行为产生影响。McDougall et al.(2000)则研究了服务质量和感知价值如感知到的技术的有用性等特征对用户满意的影响,结果发现体验到的服务质量和感知价值对用户满意具有显著的正向影响。事实上,可行能力理论认为个体获得满意的程度来源于其所拥有的资源能够实现的价值的程度(Sen,1992),在这样的观点下,生活被看作相互关联的功能性活动(functionings)的集合。在这样的情况下,可以把个体所获得的功能性组成个体所获得的福利,而个人能力反映为个人能够获得这些福利的机会和选择的自由。在这样的情况下个体所获得的功能性活动和可行能力是和个体本身的相关特征、能力直接相关的,相同的资源被不同的人在不同的环境下转换成不同的功能性活动将产生不同的社会福利。这些福利的差异体现出相关能力的功能性特征的差异,从而带来个体的满足程度的差异。因此,一项技术如果能够大幅提升个体所拥有资源的功能性特征,那么个体所获得的满意程度会大大提升。

事实上,这一理论在传统的技术接受模型中也得到了很大程度的证实。传统的TAM理论认为,一项技术被接受的核心在于该技术能够带来价值,即表现为有用性,有用性认知(Perceived Usefulness,PU)主要是指用户认为使用一项特定信息技术能够加强自身相关消费活动的程度(Davis et al.,1989)。在早期的信息技术接受的研究中,感知有用性被发现对信息技术使用有显著影响是因为用户的信念能有效作用于使用和绩效之间的关系。基于自我效能理论和成本效益平衡理论等,Davis在提出TAM模型中的感知有用性是使用行为的预测因素。而ECM-IT理论则认为,有用性认知是个体对用户满意的一种重要影响因素。如Bhattacherjee & Premkumar(2004)的多阶段研究也证实了这种关系。此外,其他的学者如Thong et al.(2006)等也都证实了有用性认知是用户满意的重要前置变量。

另外,如果一项技术被认为是易用的,而不是复杂的,那么相关技术被采纳的可能性会大大提升。在这里,易用性感知主要体现为消费者通过网络化的消费方式来实现自己的目标所需要付出的时间和精力上的努力。易用性在很大程度上体现为个体在进行相关服务活动的过程中所要耗费的努力程度,因此,如果耗费相对较低,体现为获得的功能性回报越多,将直接体现为个体满意程度的提升。如众多学者就基于 ECM-IT 理论,指出感知易用性对满意程度存在直接影响(Hong et al.,2006; Premkumar & Bhattacherjee,2006; Thong et al.,2006)。

随着技术的发展,现有的研究将这种基于传统的组织内部的技术拓展到了基于消费者服务情境的技术采纳行为的研究。研究认为消费者采纳一项消费性的服务技术还取决于技术给个体带来的娱乐性效果。感知娱乐性(情感价值)是指用户在通过网络化的服务方式实现相关服务的过程中享受到情感上的愉悦程度,这种愉悦仅仅和享受服务的过程有关,和服务带来的结果没有关系。事实上,过程理论和交互理论认为,如果个体认为相关规则在执行的过程中被认为是公平、受到尊重的,并且能够通过不断的交互获得必要的信息的时候,那么个体的满意程度就会提升。事实上,在技术接受领域相关理论存在一定的适用性,个体在消费服务的过程中,如果得到了必要的尊重,并且能够通过有效的交互获得必要的信息,那么个体本身的满意程度就会得到提升。Roca et al.(2006)通过网络门户网站使用行为的研究显示,感知娱乐性对满意度的提升存在正向影响。而依据现有的 ECM-IT 理论的模型(Bhattacherjee et al.,2001a,2001b),相关技术性特征的拓展将同时能够推动个体对相关技术继续使用意向的提升。因此,本研究提出以下假设:

假设 4a:有用性认知对个体的满意程度具有正向影响。

假设 5a:易用性认知对个体的满意程度具有正向影响。

假设 6a:娱乐性认知对个体的满意程度具有正向影响。

假设 4b:有用性认知对个体的继续使用意向具有正向影响。

假设 5b:易用性认知对个体的继续使用意向具有正向影响。

假设 6b:娱乐性认知对个体的继续使用意向具有正向影响。

4.2.3 用户满意和继续使用意向

对于消费者满意,学界存在不同的看法,有些学者认为满意是一种情感状态(Bhattacherjee,2001b),因而可以把满意看作是一种态度;而有些学者则认为，满意不能被定义为一种态度，因为满意是一种行为或者一段时间内形成的一种情感状态，满意是一种短暂的情感的经历，而相比而言，态度则是一种长期的，基于以往的所有经历和情感形成的理性的分析的综合，即态度是满意的理性评估结果（Bhattacherjee & Premkumar，2004；Oliver，1980）。Olive（1980）认为满意是消费者基于个体的消费经历和以往的未被满足的消费的期望而产生的各类心理状态的综合。Woodside et al.（1989）认为客户满意主要体现为消费者在消费完一项产品后表现出来的整体态度，主要体现为消费者在消费后喜欢或不喜欢的程度；而 Spreng et al.（1996）则认为除了 Olive 等提出的期望和体验差距外，产品或服务能够满足消费者本身的不同的需求的程度对客户满意的形成非常重要。本研究基于以往的定义和本身研究的设定，将主要采用 Olive（1980）对满意的定义来进行研究，认为模拟现实服务的虚拟服务技术给用户带来的满意是用户根据其本身的期望以及之前的消费经历而产生的关于服务的各类心理状态的理性综合。

消费者是不是会重复使用或者购买一项服务，之前的消费经历和消费过程会很大程度上决定其最终的行为态度。即消费过程中的获得的满意程度将决定消费者继续消费一项产品的意向程度。这一基本的理论假设在不同领域被众多学者的研究所支持和证实（Chiu et al.，2005；白长虹等，2002；陈明亮，2003）。ECM 理论作为这一假设的重要推理，在传统的理论研究中也不断被证实，同时基于 ECM 理论而构建的 ECM-IT 理论也被证实是合理的。相关理论的有效性在现有的消费者服务领域、信息系统领域都得到了广泛的验证（Oliver，1993； Spreng et al.，1996；Patterson et al.，1996），而 Yi 在 1990 年的研究综述中表明，客户满意影响个体对相关技术产品的使用意向的研究或者理论假设具有很高的普适性和理论有效性（Yi，1990）。而同时，在信息系统领域的研究也证实个体对信息系统的继续使用意向很大程度来源于个体对相关技术本身的使用获得的满意的认知，即对于用户而言，其使用一项产品本身所获得的用户满意对用户继续意向存在着直接的正向的影响（Bhattacherjee，2001a，2001b；Hung et al.，2007）。

由此可见，在现有的理论中包括 ECM、ECM-IT 理论都很大程度上支持相应的理论过程，同时现有的研究也基本都体现了这一理论假设的合理性。因此，本研究提出如下假设：

假设 7:用户满意对个体的继续使用意向存在正向的影响。

4.2.4 技术性特征与习惯一致性

关于习惯会如何影响个体在技术采纳过程中的行为,已有的研究存在多方面的理论分析(Ajzen,2002;Kim et al.,2005)。现有的研究基于 Kim et al.(2005)的研究,认为习惯存在两种竞争性的观点,一种观点认为习惯是自动化的过程(HAP),而另一种认为习惯是计划性行为(TPB),认为这种行为是一种由外部事务瞬间触发的过程(IAP)。如技术规划理论认为,个体习惯行为的瞬间触发主要是因为个体发现重复一个特定的行为总能得到个体所需要的绩效,因此相关的行为可能源于特定的物体或者相关事务本身所处的环境(Ajzen & Fishbein,2000)。一旦相关行为得以触发,个体的行为、意向就会自动推动行为的发生而不会需要个体本身有意识的行为的思考(Fazio,1990)。如当个体在交易的时候通常会通过手机来检查个人的邮件系统,个体会发现移动信息技术是一种有价值的技术并形成一定的意向性认知(在进行交易的时候我会采用信息技术)。这种意向会导入个体的意识,因此当个体进入一辆出租车的时候,个体会自动触发相关的意向性行为,并拿出自己的手机来检查个人的邮件系统。在这样的背景下,越高的习惯性要求会给个体带来越高的意向性行为认知,并最终影响个体的行为。

相比而言,习惯自动认知理论则认为由于一种行为本身导致了个体对相关行为本身绩效的认知,因此外部的刺激性事物或者环境会自动导致个体习惯性行为的发生(Ouellette & Wood 1998; Ronis et al.,1989; Verplanken et al.,1998)。这种行为的发生不需要其他的变量的中介,如意向或者态度,处在特定的环境本身就很可能导致相关行为的发生。和瞬间触发理论不同,习惯自动理论认为环境和行为是直接相关的(Ajzen,2002)。例如,如果按照习惯自动理论,个体进入一辆汽车或者出租车,个体就会自动打开手机来查找邮件,这个环境是个体行为的触发器。因此,对于瞬间触发理论和习惯自动认知理论而言,最大的差别在于在触发背景和个体行为之间是不是存在一个行为意向这样的变量。

虽然两种理论存在一定的差异性,但两种理论在解释个体习惯如何影响相关行为的发生却存在一定的相似性。

首先,个体要从外部世界去寻找一定的刺激性的事物,这种刺激性的事物是个体形成行为的基础。一旦个体发现相关的刺激性的事物,个体就会把相关刺激和个体的所要触发的行为连接起来。这个过程是自动连接的过程。因此无论是瞬间触发理论还是习惯自动认知理论,都认为行为的发生需要一个稳定的环境,只要个体认为这个环境没有发生大的变化,相关习惯性行为就会自动发生(Ajzen,2002)。在这样的情况下,个体本身的信息处理以及外部事物本身的特征会直接影响个体本身习惯性行为的发生。

因此,在个体本身比较虚拟服务和现实服务差异的过程中,相关信息认知处理以及个体所处环境会很大程度上决定个体对习惯一致性的认知。而事实上,习惯的形成和强化发展有赖于个体对外部信息的获取以及基于相关信息认知后得到的绩效的评估,如果个体发现相关信息对应的行为能够不断地提升个体本身的绩效,那么个体会随着时间或者习惯性行为不断强化相关行为,这一强化的过程使得个体的习惯能够得到不断的调整。即在个体习惯调整的过程中,个体本身会很大程度上最大化行为和绩效的连接。

其次,基于 ECM-IT 理论,研究认为个体形成满意行为的关键在于两次体验本身所获得的绩效的一致性程度。即最初始的习惯行为给个体形成了特定的锚定效果,个体如果要实现最大程度的满意,最初的预期和最终的实践结果一致性的认知程度起到决定性的作用。然而,依据期望理论和习惯本身的形成和改变的机制而言,单个行为产生比预期更高的收益的过程不仅仅能够提升个体的满意程度,同时个体会强化能够获得更高收益的行为的发生。因此,基于 ECM-IT 相关理论的研究,技术性特征如易用性、有用性以及娱乐性的认知很大程度上能够提升个体对满意度的认知。即当个体认知到个体所处的环境和本身传统服务方式的习惯存在一致性差异的情况下,这种一致性差异认知可能导致个体在习惯行为认知上的一致性差异。然而,如果相关习惯的一致性差异认知在很大程度上来源于个体本身在使用技术过程中对相关服务的易用性、有用性以及娱乐性特征的认知,那么这种认知会提升个体的体验收益。在这样的情况下,个体本身的满意程度会得到有效提升,个体对相关技术的继续使用意向也会得到提升。因此,本研究提出以下假设:

假设 8a:易用性认知对习惯一致性认知和满意度的影响存在正向作用。

假设 9a:有用性认知对习惯一致性认知和满意度的影响存在正向作用。

假设 10a:娱乐性认知对习惯一致性认知和满意度的影响存在正向作用。

假设 8b:易用性认知对习惯一致性认知和继续使用意向的影响存在正向作用。

假设 9b:有用性认知对习惯一致性认知和继续使用意向的影响存在正向作用。

假设 10b:娱乐性认知对习惯一致性认知和继续使用意向的影响存在正向作用。

4.2.5 技术性特征与体验价值一致性

传统的研究认为,体验本身是能够对个体产生影响的互动的过程和事件。在心理学上,研究者把体验看作是个人亲眼看到或者亲自参与到某事件的过程中对某些刺激所产生的内在性的反应,这种反应可以通过个体的表情或者语言体现出来。根据刺激程度,体验可分为感官体验和高峰体验。感官体验相对比较基础,是依据个体本身的生理性特征的刺激而得到的认知,包括对人的视觉、触觉、听觉、味觉和嗅觉五大感官系统产生的反应,是生理性感官需求得到满足的结果;而高峰体验是对人类高境界需求的一种满足,是人类在超越自我后的超然状态(马斯洛,1987;郭红丽,2006)。

美国著名未来学家 Toffler 于 1970 年在其《未来的冲击》一书中提出从经济学的角度来理解体验,在他看来体验是有形商品和无形服务心理化的产物,并且具有重要的经济价值。他认为"体验产品的一个重要特点是以模拟环境为基础,让客户体验奇遇、冒险、感性刺激和其他乐趣"。随后,著名的体验营销和体验经济研究学者 B. 约瑟夫·派恩二世和詹姆斯·H. 吉尔摩在《体验经济》中指出,体验是一种已经存在但是先前没有被清楚表述的经济产出,它是在产品、商品和服务之外的第四种经济价值物品,是从服务中分类出来的无形的产品。这几位学者认为,从经济学的角度来看,体验事实上是在产品物理价值和服务价值之外能够让一个人达到情绪、体力、智力乃至精神的某一水平时,产生美好感觉的状态。

因此,本质上服务本身所带来的体验是一种顾客个体的、内部的、主观的和情感化的活动(Thompson et al. ,1989),是对个体本身感觉、想象和情感的综合反映(Lofman,1991)。Carbone et al. (1994)则认为,体验是个体在获取、学习、使用一项服务时积累的情感感知。LaSalle & Britton(2003)则认为,体验是个体与产品、公司本身的代表之间的互动导致的,这些互动会带来不同的个体反应,个体正面的反应会使客户认可相关产品或服务所带来的价值。

传统的研究如 Carbone & Haechel(1994)认为服务性行业本身的体验主要包含功能、情感和社会三个方面。功能性体验主要依据个体本身的认知、思考和评价，很少投入情感，主要考虑相关服务的结果质量和实用性，以满足消费者本身最为关键的实际问题为基础。服务的情感体验主要是指个体在接受服务消费的过程中被引发的情感、情绪或心情。其中积极情感包括高兴、喜悦、满意、快乐、惊喜等，消极情感包括悲伤、厌烦、不满意、愤怒等。相比而言，服务本身的社会体验主要体现个体的社会人的特性，如强调消费者与社会网络中的关系。个体的消费很大程度上是建立在社会关系之上的，同时在相关服务消费的过程中个体还希望能够从相关的服务中得到社会归属和认同感，体现自己的人生观、价值观和消费观以及定位自己的社会身份。

因此，技术性特征如易用性、有用性以及娱乐性在很大程度上能够有效地改变个体对体验本身的认同感。即虽然个体本身实际体验认知和虚拟服务本身的消费存在很大的一致性差异，但在虚拟服务本身能够提供更高的功能性价值和情感性价值的情况下，个体可能会产生更高的满意程度。同时，这种认同感也会很大程度上提升个体对相关技术继续使用意向的倾向。因此，本研究提出以下假设：

假设11a：易用性认知对体验价值一致性认知和满意度的影响存在正向作用。

假设12a：有用性认知对体验价值一致性认知和满意度的影响存在正向作用。

假设13a：娱乐性认知对体验价值一致性认知和满意度的影响存在正向作用。

假设11b：易用性认知对体验价值一致性认知和继续使用意向的影响存在正向作用。

假设12b：有用性认知对体验价值一致性认知和继续使用意向的影响存在正向作用。

假设13b：娱乐性认知对体验价值一致性认知和继续使用意向的影响存在正向作用。

4.3 小结

本章基于 ECM-IT 理论和激励理论，构建了虚拟和现实一致性理论。以此说明对模拟现实服务的虚拟服务技术而言，技术本身的特性以及现实服务本身的特性会如何共同影响个体本身对相关技术的继续使用意向。和传统的理论相比，本研究考虑了模拟现实服务的虚拟服务技术本身在服务性特征上的独特影响，而这种影响来源于个体对现实和虚拟服务技术之间习惯、体验、质量等方面的认知。因此，本研究从服务性特征以及技术性特征两个方面来综合考虑个体对于技术的采纳行为。同时技术性特征和服务性特征会共同对个体的技术采纳行为产生影响。研究的假设如表 4.1 所示。

表 4.1　虚拟和现实一致性与继续使用意向作用机制假设

虚拟和现实一致性认知与满意度、继续使用意向
假设 1a：习惯一致性认知对个体的满意程度具有正向影响。
假设 2a：体验价值一致性认知对个体的满意程度具有正向影响。
假设 3a：功能价值一致性认知对个体的满意程度具有正向影响。
假设 1b：习惯一致性认知对个体的继续使用意向具有正向影响。
假设 2b：体验价值一致性认知对个体的继续使用意向具有正向影响。
假设 3b：功能价值一致性认知对个体的继续使用意向具有正向影响。
技术性特征与满意度关系、继续使用意向的作用机制
假设 4a：有用性认知对个体的满意程度具有正向影响。
假设 5a：易用性认知对个体的满意程度具有正向影响。
假设 6a：娱乐性认知对个体的满意程度具有正向影响。
假设 4b：有用性认知对个体的继续使用意向具有正向影响。
假设 5b：易用性认知对个体的继续使用意向具有正向影响。
假设 6b：娱乐性认知对个体的继续使用意向具有正向影响。
满意对继续使用意向的影响
假设 7：用户满意对个体的继续使用意向存在正向的影响。
技术性特征对虚拟和现实一致性和满意度之间、继续使用意向关系的影响机制
假设 8a：易用性认知对习惯一致性认知和满意度的影响存在正向作用。
假设 9a：有用性认知对习惯一致性认知和满意度的影响存在正向作用。
假设 10a：娱乐性认知对习惯一致性认知和满意度的影响存在正向作用。
假设 11a：易用性认知对体验价值一致性认知和满意度的影响存在正向作用。
假设 12a：有用性认知对体验价值一致性认知和满意度的影响存在正向作用。
假设 13a：娱乐性认知对体验价值一致性认知和满意度的影响存在正向作用。
假设 8b：易用性认知对习惯一致性认知和继续使用意向的影响存在正向作用。
假设 9b：有用性认知对习惯一致性认知和继续使用意向的影响存在正向作用。
假设 10b：娱乐性认知对习惯一致性认知和继续使用意向的影响存在正向作用。
假设 11b：易用性认知对体验价值一致性认知和继续使用意向的影响存在正向作用。
假设 12b：有用性认知对体验价值一致性认知和继续使用意向的影响存在正向作用。
假设 13b：娱乐性认知对体验价值一致性认知和继续使用意向的影响存在正向作用。

5 研究方法

通过前面四章对现有研究的综述、存在的理论问题的探讨，构建了本研究的理论分析模型，对各个主要变量之间的主要关系进行了梳理。在这一基础之上，本章将主要对研究设计所采用的研究量表的设计、变量测度及相关分析样本数据的获取过程进行说明。同时对获取的相关数据进行探索性因子分析和验证性因子分析，以测度本研究所采用的相关量表的内容效度、聚合效度和区分效度。

5.1 研究方法论

本研究的研究对象主要是应用过相关模拟现实服务的虚拟服务技术的个体，在本研究中，模拟现实服务的虚拟服务技术主要是指网络购物技术。对于这一研究对象的选择，本研究主要考虑以下相关因素。首先，网络购物是一种现实购物方式的虚拟化，因此，这种技术对于现实购物服务是一种替代，这意味着其本身不仅仅是一种技术，同时还是一种服务。因此，对于使用这一技术的个体而言，必然会体验虚拟服务。其次，对于虚拟购物服务技术而言，由于相应的服务是一种大众化的服务，因此个体能够同时接收到现实服务和虚拟服务的可能性会比较大，这有利于本研究的设计，即需要被研究的个体具有现实消费的经历同时还要有虚拟消费的经历。只有这两种对比性经历的存在才能够符合本研究的样本设定的基本需求。最后，本研究需要很好地体现相关虚拟服务技术本身的服务性特征的影响，相比于传统的工具性技术而言，这种基本本身同时还需要强调其本身的服务性特征，这种特征在网络购物过程中体现得比较清晰，个体在获取相关物品的时候，必然需要通过一定的互动、检索才能获取到必要的信息资源。因此，选择这一群体对于研究分析能够更加客观地反映个体采纳这种模拟现实服务的虚拟服务技术本身的影响因素。下面，本书将从量表构建、变量测度、数据收集和分析方法等方面进行相关阐述。

5.1.1 量表开发与设计

问卷设计是否合理对未来研究结果的真实性以及准确性具有决定性的价值,同时还将保持相关数据本身的信度和效度。从理论上讲,在整个问卷本身所测度的内容一致性相对较高的情况下,采用多题项的量表比采用单一题项的量表具有更高的信度(Churchill,1979)。因此,在整体的研究问卷的设计中,本研究采用了多题项的测度方式对不同的构念进行测度。在量表开发的过程中,针对全新的和相对成熟的量表具有两种类型的量表开发手段,因此在整个量表的开发过程也存在一定差异,但形成基本量表后,两种类型的量表在处理方式上却存在很大的相似性,依据 Churchill(1979)、Gerbing & Anderson(1988)、Dunn et al.(1994)等的建议,问卷的开发最好经过以下相关流程。

针对全新量表的开发,主要通过实地访谈、开放式问卷或者半开放式问卷的方式获得相关领域的实践者或者领域专家对某一概念的基本描述,在获得这一概念的基本描述之后,通过系统的整理归纳对这一概念从不同的理论视角或者理论层面进行维度划分。在这些不同的维度下,研究者再针对某一维度所表达的意思,利用不同的指标体系来进行刻画,通常这些指标体系所标的意思要具有相似性,但不能完全相同,相应的指标的描述可以是来源于实地访谈或者问卷的描述,当然也可以借鉴现有理论本身的理论描述。

针对基于成熟理论构念的量表的开发,研究者则主要依据现有的成熟的量表或者现有的概念进行综合梳理获得。研究者可以首先针对已有的理论文献进行检索,通过对现有文献的检索发现前人对于相关指标的测度方式,依据现有的测度方式和本身的定义进行必要的区分,抽取适合本研究定义的指标来构建基础的指标框架。如果整个指标体系不够丰满,一般可以再对相关概念进行检索,依据相关概念的描述,进行指标的再设计。本研究的相关量表的开发主要依据这一方式进行,即通过检索文献确定了相关维度之后,对现有的研究进行不同的综合,依据本研究的需求进一步抽取适合本研究设计的指标系统。

最后,对于新开发的量表,在确定合理性的过程中同成熟量表的直接应用又存在一定差别。对新开发量表来讲,需要对量表进行预测试,以实现量表的纯化,即通过量表的前测,通过探索性因子分析和信度分析删除那些不能合理地反映测度指标的维度,但对于成熟量表,虽然也需要进行前测,但前测的目的主要是针对验证性因子进行分析,即利用验证性因子分析判断原有量表在新群体中的聚合和区分效度，如果聚合和区分效度不理想，则进一步进行探索性因子的分析，以删除多余的指标。本研究设计的量表主要针对成熟的量表进行，但这些成熟量表本身也具有一定的独特性，因此，本研究综合了多方面的量表设计后制成适合本研究需要的研究量表（详见附录）。针对这种方法得到的量表，本研究首先采用了因子分析的方式来分析相关量表本的理论聚合效度，在通过了基础的理论聚合效度之后，研究进一步利用验证性因子分析了相关量表的区分效度和收敛效度。

在进行问卷调查的过程中，本研究问卷的设计主要采用了7分制likert量表。在量表的分级上，现有的研究认为，一般分级越高对于提升结果的准确性和量表的信度、效度都具有一定的好处，但过高的分级又对参与调研者本身形成一定的分辨困难，因此本研究采用7分制来进行打分，而不用5分制或者9分制来进行。由于问卷主要利用了参与者本身的主观评价，因此这在一定程度上会影响相关主观量表测度的准确性和客观性，最终导致数据结果的偏差。针对这一问题，Fowler(1988)指出了造成问卷产生相关偏差的主要原因，本研究采用以下的措施以防止相关问题的出现。

(1)为防止被调查者本身不了解相关的经历，本研究的问卷特地设计了相关的题项以询问个体是不是具有相关经历，如果有则将相关的个体纳入研究样本。

(2)为防止长时间的记忆性而带来的偏差，如果在研究中涉及需要进行回忆而得到的数据，那么本研究特指一定的时间段以避免个体将相关问题或者时间混淆，尽量降低时间带来的影响。

(3)为尽量减少由于问卷中相关私密性问题而造成个体不愿意回答相关问题的情形，本问卷在开头处指明问卷主要用于学术研究，内容不涉及企业或者个体的隐私，并且所获得的信息也不会用于任何的商业目的。同时本研究还采用了网络发放渠道来进行问卷发放，在这样的情况下，能够保证问卷达到个体手中，同时又能降低问卷本身的私密性问题带来的影响。

(4)为降低相关研究本身理论性过强而无法和实践者结合的情形的发生，本研究还将翻译过来的成熟的量表与相关实践方进行了一定的讨论，通过讨论对相关措辞和用句进行了必要的修正。

(5)在利用网络方式获取问卷数据的过程中，本研究采取了IP控制的方式，即对于相同的IP地址只能填一份问卷，同时为保证问卷能够得到足够的时间来进行思考，问卷的完成时间也被作为一个基本的参考指标。只有问卷本身的完成时间大于一定的时间段才被纳入本研究的样本。

5.1.2 数据收集

在数据的收集过程中，本研究主要利用第三方的网络系统为本研究提供必要的支撑。如前文所述，为尽量降低隐私性问题和个体重复答题或者胡乱答题的行为，本研究采用了IP地址控制的方式以及检测相关答题者本身所花费的答题时间的方式来进行样本的控制和筛选。通过这种方式来降低由于发放区域限制、渠道限制带来的影响。

在问卷发放渠道上，为提高数据的可靠性，问卷的发放主要通过问卷星的网站进行问卷推送。在问卷发放的过程中，主要利用了笔者的社会网络进行推广，包括亲戚、朋友以及笔者的学生等，这样可以保证必要的回收质量。

研究总共获得问卷733份，本研究随机抽取了其中151份问卷用于问卷本身的因子分析，而剩余的582份则主要用于验证性因子分析和回归分析。同时，研究还分析了用于因子分析和验证性因子分析的相关数据的差异，研究表明两份样本本身个体在性别、年龄以及经验上都不存在显著差异。具体情况见表5.1。

表5.1 样本特征描述

	创业者属性	样本分类	样本数	百分比
探索性因子分析样本	经验(网络购物年限)	1年以下	40	26.5%
		1～2年	46	30.5%
		3～5年	46	30.5%
		6年及以上	19	12.6%
	年龄	20岁及以下	47	31.1%
		21～25岁	66	43.7%
		26～30岁	8	5.3%
		31岁及以上	30	19.9%
	性别	男	64	42.4%
		女	87	57.6%
验证性因子分析样本	经验(网络购物年限)	1年以下	113	19.4%
		1～2年	130	22.3%
		3～5年	235	40.4%
		6年及以上	104	17.9%
	年龄	20岁及以下	64	11%
		21～25岁	229	39.3%
		26～30岁	147	25.3%
		31岁及以上	142	24.4%
	性别	男	243	41.8%
		女	339	58.2%

注：样本问卷中部分数据缺失。

5.1.3 变量测度

在变量的测度上，本研究主要借鉴了相对比较成熟的构念本身的测度方式的构念的构建。基于现有的成熟构念，本研究在现有文献的基础上对相关构念进行检索，并结合不同的构念本身的概念定义进一步进行处理综合归纳，得到符合本研究目的的量表。

5.1.3.1 虚拟和现实一致性

基于本研究的设计，虚拟和现实的一致性本身主要包含三个维度，即习惯的一致性、体验的一致性以及功能价值的一致性。从以往的研究来看，对于这一量表本身的构建测度主要有以下几种方式：客观的、推断的和主观感知的（Hayashi et al.，2004）。

首先，客观的测度方式主要通过外部判断者的判定来实现（Hayashi et al.，2004）。相关的判定结果依据一定的评估过程进行，这一评估过程是通过现有的标准而进行的（Olshavsky & Miller，1972）。其次，则是通过推断方式来实现，这一构念的形成主要基于比较理论，比较理论认为体验差距是用户在使用前对产品的预期和用户使用后感知到的产品绩效的一种代数差，即体验差距的测量用用户最初的预期减去用户体验到的绩效，体验差距通过个体最初对相关产品的预期与使用后对相关产品的认知的属性排列的变化来进行推断（Swan & Trawick，1981）。最后一种则是主观感知。主观感知主要通过量表的方法来实现，让消费者主观地评判其个人体验到的相关消费，并通过与其个人最初的预期的比较来实现（Tse & Wilton，1988）。本研究基于对相关技术特性的考虑，主要采用了主观认知的方式来进行体验差距的测度，即在研究的过程中，通过量表的形式测量消费者相关虚拟化的消费服务与现实服务之间的差距来体现。即这种体验差距是基于现有消费体验的预期的，通过对虚拟服务后的体验差异的比较得到。

Peter et al.（1993）认为不同的测量方式可能会带来不同的研究结果。而在现有的研究中，主要以主观测量的方式居多（Chiu et al.，2005）。而Dabholkar et al.（2000）则主观认知相比于推断的方法在测量的信度上会更高。在信息技术采纳的研究领域里，大部分的研究对这一研究也主要采用了主观测量的方式。研究者通过对 Sheth et al.（1991），Parasuraman & Grewal（2000），Bhattacherjee（2001a），Bhattacherjee（2001b），Bhattacherjee & Premkumar(2004)，Thong et al.（2006），Venkatesh et al.（2012)等人根据信息系统领域中体验差距、习惯行为以及功能价值本身的测量方式，对现有的研究测度依据相关定义以及现有的测度方式进行了必要的修正。最后参考了 Sheth et al.(1991)，Parasuraman & Grewal(2000)，Bhattacherjee(2001b)，Venkatesh et al.(2012)开发的体验、习惯和功能价值的量表，并结合本研究的需要进行了适当的修正，见表 5.2。

表 5.2 虚拟和现实一致性的量表

<table>
<tr><th>变量</th><th>指标</th><th>来源</th></tr>
<tr><td colspan="2">与现实的逛街购物体验相比</td><td rowspan="4">Bhattacherjee (2001b)</td></tr>
<tr><td rowspan="3">体验差距</td><td>使用该服务后，我发现网络购物比我预期的好</td></tr>
<tr><td>网络购物服务的服务水平比我预想的高</td></tr>
<tr><td>总的来说，我对网络购物的相关服务的预期基本上都实现了</td></tr>
<tr><td colspan="2">与现实的逛街购物习惯相比</td><td rowspan="5">Venkatesh, Thong & Xu(2012)</td></tr>
<tr><td rowspan="4">习惯差异</td><td>使用网络购物的过程中，能够保证我原来的购物习惯</td></tr>
<tr><td>我觉得网络购物很自然</td></tr>
<tr><td>我觉得网络购物和以前逛街购物没什么差别</td></tr>
<tr><td>我觉得网络购物在很大程度上改变了我的习惯</td></tr>
<tr><td colspan="2">在过去几年的使用中，与现实的物品相比</td><td rowspan="5">Sheth, Newman & Gross(1991), Parasuraman & Grewal(2000)</td></tr>
<tr><td rowspan="4">价值差异</td><td>使用网络获得的物品在质量预期上不存在差距</td></tr>
<tr><td>使用网络获得的物品在性能预期上不存在差距</td></tr>
<tr><td>使用网络获得的物品在外观预期上不存在差距</td></tr>
<tr><td>使用网络获得的物品在整体感觉上不存在差距</td></tr>
</table>

5.1.3.2 感知有用性

现有的研究中感知有用性测定主要体现为技术本身的功能性价值。在现有的研究中，TAM 理论已经证明有用性对于技术接受的重要性，不同的学者也在不同的实践背景下进一步验证了相关结论的可靠性(Adams et al.，1992)，但这些研究本身和 Davis(1989)的研究在测度上是非常接近的。Hendrickson，Massey & Cronan(1993)基于 TAM 理论对这一理论的两个核心构想即感知易用性和感知有用性进行了测试，发现感知有用性认知的量表的信度系数为 0.89～0.96，而感知易用性的信度系数为 0.90～0.94。虽然 Davis 本身设计的这一量表有着很高的信度和效度，但是不少的学者还是会根据本身研究的特性和研究背景的选择对相关的量表进行适当的修正，而事实上修正的量表也具有很高的信度和效度(Thong et al.，2006；Moon & Kim，2001；Eriksson & Nilsson，2007)。因此，本研究将以 Davis(1989)开发的感知有用性量表为基础，依据本身研究问题的特殊性，对相关研究量表的指标进行适当的调整，同时参照（Moon & Kim，2001；Eriksson & Nilsson，2007；Hong et al.，2006；Thong et al.，2006）等人的量表，结合模拟现实服务的虚拟服务技术如网络购物本身的服务特性和技术特性进行了必要的修正，见表5.3。

表5.3 感知有用性量表

变量	指标	来源
感知有用性	总体而言，我认为网络购物能够更快地获得我想要的商品的展示	Bhattacherjee (2001b)
	总体而言，我认为网络购物能够得到更多的产品的比较	
	总体而言，我认为网络购物在个人生活中是相当有用的	
	总体而言，我认为网络购物能够更快地提升我的购物效率	
	总体而言，我认为网络购物能够更快地获得我想要的商品的展示	

5.1.3.3 感知娱乐性

感知娱乐性最初来源于心理学，用于表达个体对一项活动本身参与过程中的感受。相关研究最初由 Davis et al.（1992）引入 IS 领域，作为传统工具性技术本身技术特性的重要补充，娱乐性是除有用性和易用性外一个非常重要的技术接受的影响因素。在其研究之后，对于非工具性技术本身的接受的研究都将这一变量作为非常重要的基础影响因素。因此，目前很多涉及感知娱乐性的研究，都主要还是基于 Davis et al.（1992）提出的量表进行适当地修正，例如：Igbaria et al.（1996），Lin et al.（2005），Moon & Kim（2001），Yu et al.（2005），Van der Heijden（2004），Thong et al.（2006），Teo et al.（1999），Hackbarth et al.（2003），Venkatesh et al.（2012）等研究。这些研究中，感知娱乐性的测量都是以 Davis et al.（1992）的量表为基础进一步依据本身研究的特性和研究本身场景的设定而进行修正的。但对于整体的理论基础上的修正和定义本身所包括的基本内涵没有太大的变化，因此本书将主要借鉴 Venkatesh et al.（2012）对娱乐性信息系统研究中所采用的量表，因为本研究所涉及的网络系统在很大程度上和 Venkatesh et al.（2012）本身所定义的娱乐性信息系统存在相似性，因此选择他们的量表具有一定的合理性。同时参考 Moon & Kim（2001）对网络这一客体研究时采用的感知娱乐性的相关题项，见表5.4。

表 5.4 感知娱乐性量表

变量	指标	来源
感知娱乐性	总体而言，我认为网络购物是有意思的	Venkatesh，Thong & Xu (2012)；Moon & Kim(2001)
	总体而言，我认为网络购物这个过程是快乐的	
	总体而言，我认为网络购物过程是让人感觉舒服的	

5.1.3.4 感知易用性

前面在探讨感知有用性的过程中，已经表明感知易用性和感知有用性是 Davis(1989)在提出 TAM 理论的基础之上开发出来的构念，这一构念作为技术接受领域的重要基础构念，被现有的研究者广泛采纳和不断修正。Davis(1989)本身所开发和定义的感知有用性和感知易用性这两个变量构念的有效性也得到了很好的证实。因此，对于信息系统的接受而言，参考原始的 Davis(1989)开发的感知易用性的量表具有一定的合理性，但由于本研究在研究对象和研究情境上已经存在很大变化，因此可以依据语言和适用情境进行适当的修正。本研究将参照 Moon & Kim(2001)，Venkatesh & Davis(2000)，Eriksson & Nilsson(2007)，Hong et al.(2006)，Thong et al.(2006)等前人对 Davis(1989)量表的修正，见表 5.5。

表 5.5 感知易用性量表

变量	指标	来源
易用性	总体而言，我认为学习网络购物是简单的	Davis(1989)；Venkatesh & Davis(2000)；(2007)；Hong et al.(2006)；Thong et al.(2006)
	总体而言，我认为在网络购物过程中的互动是简单明了的	
	总体而言，我认为我觉得网络购物非常简单	
	总体而言，我认为我很快就非常擅长于通过网络进行购物	

5.1.3.5 用户满意

Cardozo(1965)指出，测量用户的满意程度是一个相对复杂的过程，尤其是个体可能存在多种不同的满意来源，在不同的时间段内受到不同因素的影响都会改变个体的满意程度。因此对于情境的设定就显得尤为重要。从第三章文献综述过程中的定义整理来看，目前学术界对于用户满意存在多种不同的定义方式，因此也具有多种不同的测度方式。如 Haddrell(1994)的研究显示，在测度关于客户满意的研究中，用户测度客户满意的量表多达 40 多种。不过 Danaher & Haddrell(1996)对这种现象进行了合理的归纳，指出用户满意本身的测度可以划归为三个基本门类，即绩效测量、满意测量和一致性测量。在现有的信息系统的研究中，主要以绩效测量和一致性测量两种方式进行较多，而且也显示出比较好的信度和效度(Doll & Torkzadeh,1988)。但对于在 ECM 和 ECM-IT 领域的研究，现有的研究主要从认知(cognitive)和情感(affective)对用户满意进行满意测量。如 Spreng et al. (1996)，Bhattacherje (2001a,2001b)，McKinney & Yoon(2002)以及 Bhattacherjee & Premkumar (2004)等研究中都利用满意测量的方式对用户满意进行测度，并且得到很高的测量效度(信度系数值都超过 0.9)。Thong et al. (2006)在针对移动商务用户的研究中，也采用了满意测量的方式，发现满意测量具有很高的测量效度。为保持和现有的 ECM、ECM-IT 理论研究的一致性，本研究主要采用了满意测量的方式来测度用户满意，见表 5.6。

表 5.6 感知满意度量表

变量	指标	来源
总体而言，我们认为网络购物的体验：		
用户满意	1 代表很不满意，7 代表很满意	Bhattacherjee(2001)； Bhattacherjee & Premkumar(2004)； McKinney & Yoon(2002)； Thong, Hong & Tam, (2006)
	1 代表很不高兴，7 代表很高兴	
	1 代表很失望，7 代表很开心	
	1 代表很糟糕，7 代表很愉快	
	1 代表很不明智的决定，7 代表很明智的决定	
	1 代表很不正确的决定，7 代表很正确的决定	

5.1.3.6 继续使用意向

继续使用意向最早出现在消费者行为的研究中，但在这些传统的研究中主要将继续使用意向作为行为意向的一个维度，其测量的题项数量一般都在 3 个左右。就传统的研究而言，为构建起足够的效度支撑，一个构念最好能够用大于或者等于 3 个以上的题项来进行测度。继续使用意向最初被引入信息系统领域是 Bhattacherjee(2001a)的研究，在这个研究中 Bhattacherjee (2001a)首次提出了 ECM-IT 理论，并认为用户是不是会继续使用和采纳行为是有差别的，这种差别导致用户本身的满意程度在用户行为的决定上起到决定性作用。因此，Bhattacherjee(2001a)认为继续使用意向应该是独立于采纳行为的独特的变量。Bhattacherjee(2001b)构建的量表的信度达到 0.83。因此，本研究将主要借鉴 Bhattacherjee(2001b)对继续使用意向的测量方式通过对 Mathieson(1991)继续使用意向的测度进行整合、扩充、修正。同时本研究还借鉴 Thong et al.(2006)等关于移动商务网络用户在测度用户移动商务网络继续使用意向时的相关题项，对题项进行必要的修正和更改，见表 5.7。

表 5.7 使用意向量表

变量	指标	来源
使用意向	我打算长期使用这类网络购物服务	Mathieson(1991)；Bhattacherjee(2001b)；Thong et al.(2006)
	我准备继续使用网络购物服务，而不去使用其他替代服务(如实体店购买)	
	在接下来的日子里，我会一直使用这类网络购物服务	
	如果可以再进行选择，我还会大量使用网络购物服务	

5.1.3.7 控制变量

(1)性别、年龄

将性别和年龄作为控制变量主要是考虑到了个体本身的独特差异。对于不同年龄和性别的个体来讲，在事物本身的接受能力尤其是在新兴技术本身的解释能力上是存在差异的，如对于年轻的个体而言，他们更加善于去接触和学习新兴技术，同时对于相对年轻的群体而言，他们也更加容易受到社会思潮的影响，来自好友的推荐、社会系统的推荐等都会在很大程度上改变这些群体对新兴事物的接受程度。再者就是对于个体而言，习惯的形成和个体的年龄层次也有很大的关系，通常而言，年纪大的人对传统生活方式会显得更加自在；而对于年轻的群体，由于生活所处的时代的关系，在虚拟和现实中随意转换可能会显得更加自如，即形成的习惯会比较容易在一定程度上改变。年长的个体可能更加倾向于稳定的生活状态，而年轻的个体可能倾向于相对活跃的生活态度。这就导致两种个体对于技术本身的接受上可能会存在一定的差异。

(2)经验

个体经验是获取或者改变个体使用相关技术的重要基础，学习效应的存在对个体在技术采纳或者满意度的改变上具有一定的影响。从理论上来讲，经验有助于个人获取在一个行业内部的隐性知识，长期利用相关技术的人对相关技术本身的技术性诀窍、隐性知识会具有更高的专业性背景知识，这样专业性知识的获取将能够有助于其更加熟练地运用相关技术、获取必要的信息和寻找潜在的机会等。

(3)消费基础(网络消费和实际总体消费)

消费基础主要包含网络消费和现实消费两种。增加这一变量的目的在于体现个体本身的消费习惯以及本身的消费经验。如果个体在网络中消费数量占现实总体消费数量比重相对较高,那么可能说明个体本身在习惯的形成中已经趋向于更加适应网络型的消费模式,对于不同的个体而言,这种差异可能会影响习惯一致性对于个体最终技术本身的接受。同时消费数量的多少在很大程度上能够体现个体消费经验的多少,一般而言,消费数量大的个体在消费经验上会相对比较高,而经验会在很大程度上影响个体本身的满意程度和最终技术的接受意向。

5.1.4 分析方法

在统计分析的过程中,本研究将按照规范的研究方法的流程来对相关数据进行一步步的分析。首先,研究将通过探索性因子分析来确定相关问卷的设计的合理性,包括问卷指标的设计、问卷内容的设计,如果存在和现有指标有比较大出入的问项,研究将依据问项本身的合理性、问项本身和其他指标体系的内容一致性进行选择性删除,以简化和凝练相关的量表。在对量表进行探索性因子分析的过程中,研究将分析通过因子分析理想设计的各个维度是否能够聚合到相应的理论因子结构下,如果出现设计差异,研究将删除那些一致性相对较低的子维度。再通过探索性因子分析之后,研究将对相关量表进行信度分析,只有当所有的问项具有较高的一致性时,才说明整体构念具有较高的内容一致性。在经过探索性因子分析和信度分析后,如果量表被证明是具有较高的内在一致性程度的,利用剩余的问项进行进一步的验证性的因子分析。由于在前一样本中已经将不具有高度一致性的问项剔除,在剩余的样本中也将把相关的问项进行剔除,在剔除完相关问项后,再依据相关量表进行验证性因子分析,以验证在探索性因子分析中得到的量表是否具有高的内在聚合效度和区分效度。如果验证性因子分析说明相关的样本不能很好地聚合得到因子,那么研究将再进行新一轮的因子分析以删除一致性相对较低的指标。在研究的过程中,本研究在做因子分析和信度分析的时候主要利用了 SPSS16.0,在做验证性因子分析和结构方程建模的过程中主要利用了 LISREL8.7,而在做回归分析的时候主要采用了 SPSS16.0 和 STATA 10.0.

5.1.4.1 探索性因子分析

探索性因子分析的价值在于探索出相关构念本身的理论结构,说明研究本身设定的相关因子结构是否合理，即量表的内容构思效度。由于本研究的量表开发主要通过归纳、修改现有的成熟量表来实现，在一定程度上相关问项都能够反映这一理论构念本身所体现的意思，因此，因子分析最大的价值在于体现相关问项之间是否能够具有内在一致性，即具有较高的内容效度。对于研究构念的构思效度，由于通过因子分析一方面能够通过剔除和现有量表不一致的维度以达到降维的目的，另一方面也能通过聚合具有高度一致的问项以实现找出因子的主体结构构成，这样通过因子分析就实现了提升和检验量表设计的构思效度。在进行研究分析的过程中，只有那些通过了信度和效度测量的量表和问项才能被采用，在本研究的设计中，主要对相关成熟量表中修改的问项进行了分析。按照研究本身的设定，一般而言，探索性因子分析的各个题项的因子荷载一般要求能够高于 0.5，在进行探索性因子分析的过程中，研究将主要通过主成分分析方法来提取因子，同时采用最大方差旋转方法对坐标轴进行旋转，以获得聚合一致性相对明显的各个子维度。

在对量表做完探索性因子分析之后，为保证研究得到的量表具有较高的内在一致性，研究还将进一步分析相关量表的信度。这一分析的目的主要是考察量表本身的题项之间的内在一致性，以删除那些可能导致问卷设计存在一致性缺陷的问项，即如果存在题项－总体(Item to Total)相关系数(CITC)不能达到最低的基本要求或者信度的 Cronbach's α 系数不能达到最低的要求的情况，研究将要求删除相应的影响最大的子维度以提升量表相关量表的内在一致性的程度。按照以往的经验而言，如果要通过信度的检验，那么题项－总体的相关系数一般要大于0.35，或者 Cronbach's α 系数应大于 0.70(李怀祖，2004)。

在这一分析的过程中，研究主要采用了 SPSS16.0 的因子分析和信度分析的两个模块来进行分析。

5.1.4.2 验证性因子分析

验证性因子分析价值在于能够体现相关量表本身的聚合效度和区分效度。通过验证性因子分析来体现相关构念本身的理论结构，区分不同构念之间结构的区分度。一般而言，检验变量测量的聚合效度与区分效度会比较复杂。一般通过检验模型的整体结构的稳定性来测量模型聚合效度和区分效度(Anderson & Gerbing，1988)。在分析模型本身的聚合效度时，主要考察相关题项荷载是不是能够大于 0.7(或接近于 0.7)，如果在这样的背景下，还具有比较好的模型拟合指标，那么就说明研究的构念测度具有较高的聚合效度。而在进行区分效度分析的时候，主要考察和对比两个原本不存在联系的量表之间的估计值设定为1以后，相关模型本身的卡方值的改变程度。如果标记为1自由估计和标记为0非自由估计得到的卡方值的改变是显著的，那么说明这两个量表的设计是能够很好地相互区分的。

在进行验证性因子分析的时候中，本研究主要利用了Lisrel8.7软件。对于相关的指标值是不是能够达到相关的指标的要求，一般研究都有其基本的要求。首先，在研究中，样本本身会具有一定的要求，一般需要在100份以上，这样才能够使用最大似然法进行估计。其次，依据现有的经验研究的基本准则，相应的模型的聚合和区分效度都有特定的拟合值来进行评判。一般而言，在Lisrel8.7的模型的评价基本指标主要包括以下相关指标：χ^2 和 χ^2/df（卡方自由度比值），RMSEA（Root Mean Square Error of Approximation，近似误差均方根）、SRMR（Standardized Root Mean square Residual，标准化残差均方根）、NFI（Normed Fit Index，赋范拟合指数）、NNFI（Non-Normed Fit Index，非范拟合指数）、CFI（Comparative Fit Index，比较拟合指数）、GFI（Goodness-of-Fit Index，拟合优度指数）、AGFI（Adjusted Goodness-of-Fit Index，调整拟合优度指数）、$\Delta\chi^2$ 等。

要检测量表本身设计是不是合理，以上相关指标必须具有良好的拟合优度，即达到一定的基本标准。从传统的经验研究的结果来看，一般需要保证以下几个指标达到基本要求，主要是 χ^2/df 值、RMSEA值、NNFI以及CFI值，而要分析相关量表的区分效度则主要通过分析 $\Delta\chi^2$ 值及卡方值的变化程度是否足够显著。

(1)χ^2 和 χ^2/df。一般情况下，研究需要首先考察以下相关指标是不是显著。即考察 χ^2 是不是显著，如果 χ^2 值不显著，则可以不再分析 χ^2/df 值；如果 χ^2 值显著（$p<0.05$），则需要进一步考察 χ^2/df 的值即卡方（χ^2）与自由度（df）的比值。从现有的经验研究来看，一般而言，若 $\chi^2/df<10$，模型勉强接受；若 $2<\chi^2/df<5$，模型可以接受；若 $\chi^2/df\leqslant 2$，模型拟合非常好。

(2)RMSEA，即近似误差均方根，这一指标受样本容量的影响较小，是一个相对比较好的绝对拟合指数，一般经常用于样本本身的测度分析。从理论上而言，这个值本身越低越好，即RMSEA越接近于0，则说明模型本身的拟合程度越好，也意味着整个构念本身的结构相对越稳定。Steiger(1990)认为,RMSEA 低于 0.10,表示好的拟合;低于 0.05,表示非常好的拟合;低于 0.01,表示非常出色的拟合(许冠南,2008;姜雁斌,2012)。

(3)NNFI 值,是最新的研究中应用相对较多的相对拟合指数。一般认为,若 NNFI≥0.90,模型可接受。

(4)CFI,即比较拟合指数。一般而言,这个指标受到样本容量的系统性影响会比较小,因此能够比较敏感地反映误设模型的变化和模型调整后带来的变化,是一个相对比较理想的相对拟合指数。对于 CFI 值,一般要求相关的指标值 CFI ≥ 0.90;CFI 越接近于 1,则表明模型拟合越好。

(5)$\Delta\chi^2$,主要指在原本设计为 2 个或多个因子结构的因子被聚合到一个因子后,相应的概念模型带来的卡方值的改变程度,如果原本在理论上设计成 2 个或多个因子的构念在 1 个因子下面的卡方值与 2 个因子或多个下卡方值的改变值的差值存在显著差别,显著变大,那么这就说明在 2 个或多个因子下卡方值显著变小,这样就能体现出相应的构念在 2 个因子或者多个因子结构下会优于一个因子的结构,一般的研究主要通过这一方法来说明量表的区分效度以及量表结构性维度设计的合理性。同时通过这一方法能够测量量表的共同方法偏差的问题,如果能够有效区分不同维度的因子,那么说明相关的变量之间不存在严重的共同方法偏差的问题(如:Iverson & Maguire,2000,Korsgaard & Roberson,1995; Mossholder et al.,1998;Podsakoff et al.,2003).

5.1.4.3 分层回归

除验证性因子分析之外,本研究还将使用 SPSS 自带的层次回归分析的相关模块来对研究中的调节效应进行分析。层次回归分析的最大好处在于能够基于研究这本书对变量的因果关系的设定将不同的研究变量引入回归模型(Cohen et al.,2003),从而能够非常直观地反映出新进入变量能够解释相关因变量的变差的贡献程度。由于不同的变量测定方式上存在一定的差异,为消除相关变量本身在单位上的差别带来的影响,研究采用了标准化相关变量的方式来降低相关因素的影响。

而在做调节效应分析的时候,如果调节变量和自变量之间存在量纲的差异,为降低这种量纲带来的影响,研究一般也会采用标准化数据的方法来进行标准化回归,不过,在进行回归之前,首先会将所有的变量标准化,然后将自变量 Z_χ 和调节变量 Z_y 相乘得到交互项($Z_\chi Z_y$),再将对应的控制变量、自变量、调节变量以及调节项分 3 个模块引入模型,这样就会得到相对合理的分析结果。通过标准化相关变量,通常能够保证相关变量的系数能保持在一定的范围之内,这样能够确保回归系数具有意义,另外,标准化消除了变量之间的非本质共线性,还能够有效解决由于多重共线性带来的影响(Cohen et al.,200 3)。

在分析的过程中,主要通过观测 R^2 变化显著程度来分析相关模型是不是合埋,加入的变量是不是具有显著影响,而可以通过模型 F 值变化显著程度来分析调节效应模型的拟合程度,如果在自变量和调节变量以及第三模块的调节项进去后,F 值出现显著的变化,那么此时说明调节效应是显著的,同时也表明模型拟合程度相对更优。当然调节效应是不是显著也可以通过观察相应的调节项的显著性程度来进行考察。

5.2 探索性因子分析

本研究由于对成熟量表依据本身环境特性和研究背景进行了特定的更改,因此首先利用探索性因子的分析方法来确定量表的内容效度和表面效度。由于在相关的研究测度中加入了新的测度方式,因此,对于各种不同构念的测度量表,本研究首先需要通过探索性因子分析来确定对于本研究所设定的研究问题和研究对象在相应的测度方式下是不是合适。研究针对收集回来的 733 份数据,随机抽取了其中的 151 份问卷进行了探索性因子分析,而利用剩余的 582 份数据(实际有效数据为 501 份)来作为验证性因子分析的样本,以确定相关量表的聚合和区分效度。同时通过对两份样本的描述性统计分析表明,两份样本在个体年龄、经验和性别上不存在显著性的差别。这意味着可以依据相应的数据作为进一步回归分析的样本。

对于研究样本数量的确定,普遍的研究认为样本数量应该在变量数量的 5～10 倍,因此本研究随机选择了 151 份样本用做因子分析。在分析的过程中,因子分析是不是能够达到设定的效果主要通过 KMO 值来进行考察。KMO 值大于0.9,表示非常适合;0.8～0.9 表示适合;0.7～0.8 表示比较适合;0.6～0.7 表示很勉强;0.5～0.6,表示不太适合;0.5 以下则表示不适合。而 Bartlett 统计值显著异于 0(马庆国,2002)。

5.2.1 体验价值一致性

本研究依据调研得到的 733 份问卷,随机选择了其中的 151 份问卷对相关的构念进行探索性因子分析。研究首先对所构建的3个体验价值一致性的相关测度题项进行了探索性因子分析。结果如表5.8所示，根据特征根大于1，最大因子荷载在0.5以上的要求，3个题项最终聚合到了1个因子。依据相关题项所测定的内容，研究认为相关的题项基本符合体验价值一致性的定义和表达。各个题项也基本符合研究本身的设定及其所测定的内容，这意味着几个题项基本通过了探索性因子分析的效度检验的要求。研究表明，这3个题项聚合到1个因子的累积解释变差为77.213%，通过了解释方差要大于50%的基本要求。同时，所有的因子荷载都大于0.85，已经超过了相关经验研究的最低要求，因此，体验价值一致性构念的测度应该具有很好的理论效度和内容效度。

表5.8 一致性—体验的探索性因子分析结果（$N=151$）

题项	描述性统计		因子荷载	
	均值	标准差		
体验_购物预期	4.46	1.394		0.865
体验_服务水平	4.24	1.370		0.915
体验_相关服务预期	4.44	1.369		0.855

注：KMO值为0.704，Bartlett为203.450，统计值显著异于0（$p<0.000$），探索性因子分析得到的1个因子的累积解释变差为77.213%。

接下来，本研究对体验价值一致性的量表进行信度分析，结果如表5.9所示。所有的题项—总体相关系数均大于0.35，同时在删除对应的变量后，相应的构念整体的信度系数均小于3个题项组合形成的信度系数，变量的Cronbach's α系数也大于0.7。因此，总体而言，体验价值一致性本身所代表的构念各个题项之间具有较好的内部一致性。

综上所述，本研究所采用的体验价值一致性量表具有较好的效度和信度。

表5.9 一致性—体验的信度分析结果（$N=151$）

变量题项	题项—总体相关系数	删除改题项后的信度系数值	Cronbach's 信度系数值
体验_购物预期	0.698	0.816	0.852
体验_服务水平	0.789	0.728	
体验_相关服务预期	0.682	0.830	

5.2.2 习惯一致性

本研究依据调研得到的733份问卷，随机选择了其中的151份问卷对相关的构念进行探索性因子分析。研究首先对所构建的4个习惯一致性的相关测度题项进行了探索性因子分析。结果如表5.10所示，根据特征根大于1，最大因子荷载在0.5以上的要求，4个题项最终聚合到了2个因子。这和本研究最初的设定不符合，因此，研究进一步将均值和现有的相关题项存在较大差距的第4个题项进行了删除。这主要原因在于这一变量本身的均值差异和其他3个题项差距较大，说明这一题项和其他题项的一致性差距较大，进行删除将有利于其他题项聚合和整体保持相对较高的一致性。依据研究删除得到的3个题项，研究进一步进行了因子分析，结果如表5.11所示。结果表明，3个题项最终聚合到了1个维度之下，同时最低的因子荷载都高于0.635，基本达到了研究设定的基本要求的水平，这意味着在新的构念和测度方式之下，各个题项也基本符合研究本身的设定及其所测定的内容，即这几个题项基本通过了探索性因子分析的效度检验的要求。研究表明，这3个题项聚合到1个因子的累积解释变差为49.6%，基本达到了解释方差要大于50%的基本要求。同时，所有的因子荷载都大于0.635，超过了因子荷载要大于0.5的最低要求，因此，体验价值一致性构念的测度应该具有很好的理论效度和内容效度。因此，研究认为习惯一致性具有相对较高的内容效度和理论效度。基本达到研究设定的要求。

表5.10 一致性—习惯的探索性因子分析结果(一)($N=151$)

题项	描述性统计		因子荷载	
	均值	标准差		
习惯_保证现实购物习惯	4.28	1.479	0.040	0.883
习惯_自然	4.91	1.462	−0.687	0.398
习惯_逛街购物差别	3.34	1.510	−0.218	0.625
习惯_很大程度改变	2.72	1.584	0.912	0.058

注：KMO值为0.501，Bartlett为55.783，统计值显著异于0($p<0.000$)，探索性因子分析得到的2个因子的累积解释变差为67.097%，第一个因子的解释为33.802%，第二个因子的解释为33.295%。

表5.11 一致性—习惯的探索性因子分析结果(二)($N=151$)

题项	描述性统计		因子荷载	
	均值	标准差		
习惯_保证现实购物习惯	4.28	1.479	0.770	
习惯_自然	4.91	1.462	0.635	
习惯_逛街购物差别	3.34	1.510	0.770	

注：KMO值为0.583，Bartlett为25.849，统计值显著异于0($p<0.000$)，探索性因子分析得到的2个因子的累积解释变差为49.610%。

5.2.3 功能价值一致性

依据随机选择的151份问卷，本研究进一步对功能价值一致性进行了探索性因子分析。结果如表5.12所示，根据特征根大于1，最大因子荷载在0.5以上的要求，4个题项最终聚合到了1个因子。这和本研究最初的设定完全符合，在这4个题项中，最低的因子荷载达到了0.866，同时所有的因子都能够有效地聚合到1个因子之下，说明相关的构念题项设计基本达到了研究设定的基本要求的水平，这意味着在相应的构念和测度方式之下，各个题项也基本符合研究本身的设定及其所测定的内容，即几个题项基本通过了探索性因子分析的效度检验的要求。研究结果表明，这4个题项聚合到1个因子的累积解释变差为80.573%，基本达到了解释方差要大于50%的基本要求。同时，所有的因子荷载都大于0.86，超过了因子荷载要大于0.5的最低要求，因此，本研究设计的功能价值一致性构念的测度具有很好的理论效度和内容效度。因此，研究认为功能价值一致性具有相对较高的内容效度和理论效度，基本达到研究设定的要求。

表5.12 一致性一功能价值的探索性因子分析结果(N=151)

题项	描述性统计		因子荷载	
	均值	标准差		
功能价值_质量预期	3.53	1.578	0.866	
功能价值_性能预期	3.72	1.458	0.903	
功能价值_外观预期	3.70	1.365	0.914	
功能价值_整体预期	3.78	1.380	0.905	

注：KMO值为0.835，Bartlett为442.179，统计值显著异于0(p<0.000)，探索性因子分析得到的1因子的累积解释变差为80.537%。

表5.13 一致性一功能价值的信度分析结果(N=151)

变量题项	题项—总体相关系数	删除改题项后的信度系数值	Cronbach's 信度系数值
功能价值_质量预期	0.768	0.910	0.917
功能价值_性能预期	0.824	0.888	
功能价值_外观预期	0.837	0.885	
功能价值_整体预期	0.823	0.889	

接下来，本研究对功能价值一致性的量表进行了信度分析，结果如表

5.13所示。所有的题项一总体相关系数均大于0.35。同时在删除对应的变量后,相应的构念整体的信度系数均小于3个题项组合形成的信度系数,同时变量的Cronbach's α系数也大于0.7,达到了0.917。因此,总体而言,体验价值一致性本身所代表的构念各个题项之间具有较好的内部一致性。同时,由于题项整体的信度系数高于3个题项背景下所拥有的信度系数,这说明,4个题项的整体构念能够更好地表达相关构念本身的信息。

综上所述,本研究所采用的功能价值一致性量表具有较好的效度和信度。

5.2.4 继续使用意向

依据随机选择的151份问卷,本研究进一步对继续使用意向进行了探索性因子分析。结果如表5.14所示,根据特征根大于1,最大因子荷载在0.5以上的基本要求,4个题项最终很好地聚合到了1个因子。这和本研究最初的设定完全符合,在这4个题项中,最低的因子荷载达到了0.643,并且所有的因子都能够有效地聚合到1个因子之下,说明相关的构念题项设计基本达到了研究设定的基本要求的水平,这意味着在相应的构念和测度方式之下,各个题项也基本符合研究本身的设定及其所测定的内容,即几个题项基本通过了探索性因子分析的效度检验的要求。研究结果表明,这4个题项聚合到1个因子的累积解释变差为64.216%,达到了解释方差要大于50%的基本要求。同时,所有的因子荷载都大于0.6,超过了因子荷载要大于0.5的最低要求,因此,本研究设计的继续使用意向构念的测度具有很好的理论效度和内容效度。因此,研究认为继续使用意向具有相对较高的内容效度和理论效度,基本达到研究设定的要求。

表5.14 使用意向的探索性因子分析结果(N=151)

题项	描述性统计		因子荷载	
	均值	标准差		
使用意向_长期使用	4.92	1.354	0.805	
使用意向_继续使用	3.62	1.676	0.643	
使用意向_一直使用	4.56	1.499	0.876	
使用意向_大量使用	4.37	1.426	0.861	

注:KMO值为0.744,Bartlett为225.926,统计值显著异于0(p<0.000),探索性因子分析得到的1因子的累积解释变差为64.216%。

接下来,本研究对继续使用意向的量表还进行了信度分析,结果如表5.15所示。所有的题项—总体相关系数均大于0.35,最低的达到了0.456,虽然在删除使用意向_继续使用这一变量后,相应的构念整体的信度系数可能会高于4个题项组合形成的信度系数,但由于4个变量本身的整体的Cronbach's α系数也已经大于0.7,达到了0.801,因此,总体而言,继续使用意向本身所代表的构念各个题项之间具有较好的内部一致性。这说明,4个题项的整体构念能够更好地表达相关构念本身的信息。

综上所述,本研究所采用的继续使用意向量表具有较好的效度和信度。

表5.15 继续使用意向的信度分析结果($N=151$)

变量题项	题项—总体相关系数	删除改题项后的信度系数值	Cronbach's 信度系数值
使用意向_长期使用	0.604	0.758	0.801
使用意向_继续使用	0.456	0.839	
使用意向_一直使用	0.723	0.696	
使用意向_大量使用	0.715	0.704	

5.2.5 用户满意

依据随机选择的151份问卷,本研究进一步对用户满意进行了探索性因子分析。结果如表5.16所示,根据特征根大于1,最大因子荷载在0.5以上的基本要求,6个题项最终很好地聚合到了1个因子。这和本研究最初的设定完全符合,在这6个题项中,最低的因子荷载达到了0.859,并且所有的因子都能够有效地聚合到1个因子之下,说明相关的构念题项设计基本达到了研究设定的基本要求的水平,这意味着在相应的构念和测度方式之下,各个题项也基本符合研究本身的设定及其所测定的内容,即几个题项基本通过了探索性因子分析的效度检验的要求。研究结果表明,这6个题项聚合到1个因子的累积解释变差为80.235%,达到了解释方差要大于50%的基本要求。同时,所有的因子荷载都大于0.859,超过了因子荷载要大于0.5的最低要求,因此,本研究设计的继续使用意向构念的测度具有很好的理论效度和内容效度。因此,研究认为继续使用意向具有相对较高的内容效度和理论效度,基本达到研究设定的要求。

表 5.16 用户满意的探索性因子分析结果(N=151)

题项	描述性统计		因子荷载	
	均值	标准差		
满意度_满意	4.61	1.131	0.882	
满意_高兴	4.64	1.104	0.913	
满意_失望开心	4.55	1.187	0.928	
满意_糟糕愉快	4.59	1.139	0.912	
满意_明智	4.51	1.194	0.859	
满意_正确	4.55	1.181	0.879	

注：KMO 值为 0.878，Bartlett 为 918.823，统计值显著异于 0(p<0.000)，探索性因子分析得到的 1 因子的累积解释变差为 80.235%。

接下来，本研究对用户满意的量表进行了信度分析，结果如表 5.17 所示。所有的题项一总体相关系数均大于 0.35，最低的达到了 0.800。同时研究结果表明，在删除了对应的题项后，5 个题项的量表在整体一致性上会比 6 个题项的一致性系数要低，这说明整体原始的设计的构念好于进行再修正的量表，同时相关用户满意构念本身的整体的 Cronbach's α 系数也已经大于 0.7，达到了 0.950。因此，总体而言，用户满意本身所代表的构念各个题项之间具有较好的内部一致性。这说明，6 个题项的整体构念能够更好地表达相关构念本身的信息。

综上所述，本研究所采用的用户满意量表具有较好的效度和信度。

表 5.17 用户满意的信度分析结果(N=151)

变量题项	题项—总体相关系数	删除改题项后的信度系数值	Cronbach's 信度系数值
满意度_满意	0.826	0.943	0.950
满意_高兴	0.870	0.938	
满意_失望开心	0.891	0.936	
满意_糟糕愉快	0.868	0.938	
满意_明智	0.800	0.946	
满意_正确	0.828	0.943	

5.2.6 娱乐性

依据随机选择的 151 份问卷，本研究进一步对娱乐性特征进行了探索性因子分析。结果如表 5.18 所示,根据特征根大于 1,最大因子荷载在 0.5 以上的基本要求,3 个题项最终很好地聚合到了 1 个因子。这和本研究最初的设定完全符合,在这 3 个题项中,最低的因子荷载达到了 0.879,并且所有的因子都能够有效地聚合到 1 个因子之下,说明相关的构念题项设计基本达到了研究设定的基本要求的水平,这意味着在相应的构念和测度方式之下,各个题项也基本符合研究本身的设定及其所测定的内容,即几个题项基本通过了探索性因子分析的效度检验的要求。研究结果表明,这 3 个题项聚合到 1 个因子的累积解释变差为 81.106%,达到了解释方差要大于 50%的基本要求。同时,所有的因子荷载都大于 0.879,超过了因子荷载要大于 0.5 的最低要求,因此,本研究设计的继续使用意向构念的测度具有很好的理论效度和内容效度。因此,研究认为继续使用意向具有相对较高的内容效度和理论效度,基本达到研究设定的要求。

表 5.18 娱乐性探索性因子分析结果(N=151)

题项	描述性统计		因子荷载	
	均值	标准差		
娱乐性_有意思	4.53	1.243	0.915	
娱乐性_快乐	4.53	1.130	0.908	
娱乐性_感觉舒服	4.46	1.199	0.879	

注:KMO 值为 0.737,Bartlett 为 246.914,统计值显著异于 0($p<0.000$),探索性因子分析得到的 1 因子的累积解释变差为 81.106%。

接下来,本研究对娱乐性的量表进行了信度分析,结果如表 5.19 所示。所有的题项一总体相关系数均大于 0.35,最低的达到了 0.735。同时研究结果表明,在删除了对应的题项后,2 个题项的量表在整体一致性上比 3 个题项的一致性系数要低,这说明整体原始的设计的构念好于进行再修正的量表,同时相关用户满意构念本身的整体的 Cronbach's α 系数也已经大于 0.7,达到了 0.883。因此,总体而言,娱乐性本身所代表的构念各个题项之间具有较好的内部一致性。这说明,3 个题项的整体构念能够更好地表达相关构念本身的信息。

综上所述,本研究所采用的娱乐性(量表)具有较好的效度和信度。

表 5.19 娱乐性的信度分析结果(N=151)

变量题项	题项—总体相关系数	删除改题项后的信度系数值	Cronbach's 信度系数值
娱乐性_有意思	0.799	0.810	0.883
娱乐性_快乐	0.786	0.823	
娱乐性_感觉舒服	0.735	0.866	

5.2.7 有用性

依据随机选择的 151 份问卷，本研究进一步对有用性特征进行了探索性因子分析。结果如表 5.20 所示，根据特征根大于 1，最大因子荷载在 0.5 以上的基本要求，3 个题项最终很好地聚合到了 1 个因子。这和本研究最初的设定完全符合，在这 4 个题项中，最低的因子荷载达到了 0.718，并且所有的因子都能够有效地聚合到 1 个因子之下，说明相关的构念题项设计基本达到了研究设定的基本要求的水平，这意味着在相应的构念和测度方式之下，各个题项也基本符合研究本身的设定及其所测定的内容，即几个题项基本通过了探索性因子分析的效度检验的要求。研究结果表明，这 4 个题项聚合到 1 个因子的累积解释变差为 73.274%，达到了解释方差要大于 50%的基本要求。同时，所有的因子荷载都大于 0.718，超过了因子荷载要大于 0.5 的最低要求，因此，本研究设计的继续使用意向构念的测度具有很好的理论效度和内容效度。因此，研究认为继续使用意向具有相对较高的内容效度和理论效度，基本达到研究设定的要求。

表 5.20 有用性的探索性因子分析结果(N=151)

题项	描述性统计		因子荷载	
	均值	标准差		
有用性_更快获得	4.78	1.270	0.892	
有用性_更多比较	5.05	1.333	0.888	
有用性_相当有用	4.97	1.339	0.911	
有用性_提升购物效率	4.72	1.410	0.718	

注：KMO 值为 0.682，Bartlett 为 387.664，统计值显著异于 0(p<0.000)，探索性因子分析得到的 1 因子的累积解释变差为 73.274%。

接下来，本研究对有用性的量表还进行了信度分析，结果如表 5.21 所示。所有的题项一总体相关系数均大于 0.35，最低的达到了 0.560。同时研究结果表明，在删除了对应的题项后，3 个题项的量表在整体一致性上比 4 个题项的一致性系数要低，这说明整体原始的设计的构念好于进行再修正的量表，同时相关用户满意构念本身的整体的 Cronbach's α 系数也已经大于 0.7，达到了 0.873。因此，总体而言，娱乐性本身所代表的构念各个题项之间具有较好的内部一致性。这说明，4 个题项的整体构念能够更好地表达相关构念本身的信息。

综上所述，本研究所采用的有用性量表具有较好的效度和信度。

表 5.21　有用性的信度分析结果（$N=151$）

变量题项	题项—总体相关系数	删除改题项后的信度系数值	Cronbach's 信度系数值
有用性_更快获得	0.786	0.816	0.873
有用性_更多比较	0.760	0.824	
有用性_相当有用	0.826	0.797	
有用性_提升购物效率	0.560	0.905	

5.2.8　易用性

依据随机选择的 151 份问卷，本研究进一步对易用性特征进行了探索性因子分析。结果如表 5.22 所示，根据特征根大于 1，最大因子荷载在 0.5 以上的基本要求，3 个题项最终很好地聚合到了 1 个因子。这和本研究最初的设定完全符合，在这 4 个题项中，最低的因子荷载达到了 0.874，并且所有的因子都能够有效地聚合到 1 个因子之下，说明相关的构念题项设计基本达到了研究设定的基本要求的水平，这意味着在相应的构念和测度方式之下，各个题项也基本符合研究本身的设定及其所测定的内容，即几个题项基本通过了探索性因子分析的效度检验的要求。研究结果表明，这 4 个题项聚合到 1 个因子的累积解释变差为78.828%，达到了解释方差要大于 50%的基本要求。同时，所有的因子荷载都大于 0.874，超过了因子荷载要大于 0.5 的最低要求，因此，本研究设计的继续使用意向构念的测度具有很好的理论效度和内容效度。因此，研究认为继续使用意向具有相对较高的内容效度和理论效度，基本达到研究设定的要求。

表 5.22 易用性的探索性因子分析结果(*N*=151)

题项	描述性统计		因子荷载	
	均值	标准差		
易用性_学习网络购物是简单的	5.10	1.422	0.895	
易用性_互动是简单明了的	4.74	1.309	0.890	
易用性_网络购物是简单的	4.98	1.421	0.892	
易用性_擅长网络购物	4.87	1.430	0.874	

注:KMO 值为 0.841,Bartlett 为 398.086,统计值显著异于 0($p<0.000$),探索性因子分析得到的 1 因子的累积解释变差为 78.828%。

接下来,本研究对易用性的量表进行了信度分析,结果如表 5.23 所示。所有的题项一总体相关系数均大于 0.35,最低的达到了 0.776。同时研究结果表明,在删除了对应的题项后,3 个题项的量表在整体一致性上比 4 个题项的一致性系数要低,这说明整体原始的设计的构念好于进行再修正的量表,同时相关用户满意构念本身的整体的 Cronbach's α 系数也已经大于 0.7,达到了 0.910。因此,总体而言,娱乐性本身所代表的构念各个题项之间具有较好的内部一致性。这说明,4 个题项的整体构念能够更好地表达相关构念本身的信息。

综上所述,本研究所采用的易用性量表具有较好的效度和信度。

表 5.23 易用性的信度分析结果(*N*=151)

变量题项	题项—总体相关系数	删除改题项后的信度系数值	Cronbach's 信度系数值
易用性_学习网络购物是简单的	0.808	0.879	0.910
易用性_互动是简单明了的	0.800	0.883	
易用性_网络购物是简单的	0.801	0.881	
易用性_擅长网络购物	0.776	0.890	

5.3 验证性因子分析

在本研究所构建的量表都通过了因子分析之后,研究依据所有样本中剩余的 582 份(非平衡)样本进行综合性的分析。通过验证性因子分析,能够体现研究本身所设定的测度构念的相关维度和最初研究所设定的基本维度是否一致。对探索性因子分析本身得到的结果进行验证性的分析,同时进一步分析和体现相关量表的聚合和区分效度。

5.3.1 虚拟和现实一致性量表验证性因子分析

研究对虚拟和现实一致性量表的3个基本维度进行了相应的验证性因子分析。最终的拟合结果如表5.24所示,体验价值一致性在一维划分时由于只有3个子项,在对应的设计下基本达到了饱和状态,并且相关题项本身的系数大于0.3且在0.000的显著性程度上显著。通过进一步考察,CFI以及NNFI的值都大于0.9,同时在这样的情况下RMSEA值为.000,说明体验价值一致性本身的一维划分是合理并且达到饱和状态的。而CFI和NNFI的值为1则说明,相应的量表的各个题项本身具有较好的聚合效度,这说明本研究所设定的量表是相对合理的。

类似的,对习惯一致性的分析表明由于研究只有3个题项,因此在对应的背景下,相应的量表基本达到饱和,不能继续拆分,同时CFI及NNFI的值达到1.0,RMSEA的值为0.000,显著小于0.1,各个测量指标系数均大于0.3,并且在0.000的显著性程度上显著,说明习惯一致性的各测量维度具有良好的聚合效度,本研究所使用的量表是有效的。

对功能价值一致性的分析表明,RMSEA的值达到0.209,高于0.1,并且χ^2/df值等于12.96大于10,但CFI以及NNFI的值分别为0.97和0.92,同时各个测量指标值的系数明显大于0.8,比最低的要求0.3要高,且均在0.000的显著性程度上显著,本研究仍然认为所利用的测量量表是可以反映功能价值一致性这一概念的,因此设定的量表仍然是有效的。

对虚拟和现实一致性整体量表的区分效度以及聚合效度进行了进一步分析。研究表明,当虚拟和现实一致性被划分为本研究所设定的3个维度的时候具有最好的拟合值,对应的研究设计下,相应的χ^2/df值等于6.87,RMSEA值为0.101。相比于把所有的几个构念维度划分为1个构念的情况,其χ^2值比其他几类的划分模式具有更低的参数值(包括χ^2值等),而CFI、NNFI值则会显著更高,如在3个维度的划分模式下,样本的CFI和NNFI达到了0.95和0.97,而在一维的划分下想要的CFI和NNFI则达到了0.87和0.84,这说明本研究最初设定的3个基本的维度的划分模式是最为合理的,在这样的情况下,聚合和区分效度都能达到最高。

表 5.24 虚拟和现实一致性量表的验证性因子分析

变量题项	全模型估计系数	t 值	估计值系数	t 值	p
体验_购物预期	0.81	22.4	0.81	21.53	0.000
体验_服务水平	0.78	21.08	0.80	21.29	0.000
体验_相关服务预期	0.82	22.69	0.79	20.97	0.000
χ^2	0	CFI	1		
df	0	NNFI	1		
χ^2/df		RMSEA	0.000		
习惯_保证现实购物习惯	0.71	11.01	0.81	8.5	0.000
习惯_自然	0.49	15.89	0.45	7.11	0.000
习惯_逛街购物差别	0.37	8.24	0.38	6.59	0.000
χ^2	0	CFI	1		
df	0	NNFI	1		
χ^2/df		RMSEA	0.000		
功能价值_质量预期	0.83	24.08	0.83	24.07	0.000
功能价值_性能预期	0.90	27.18	0.90	27.4	0.000
功能价值_外观预期	0.84	24.37	0.83	24.23	0.000
功能价值_整体预期	0.87	25.94	0.86	25.62	0.000
χ^2	25.92	CFI	0.97		
df	2	NNFI	0.92		
χ^2/df	12.96	RMSEA	0.209		
一致性构念全模型约束和未约束分析结果					
χ^2(约束)	219.87	CFI	0.95		
df	32	NNFI	0.97		
χ^2/df	6.87	RMSEA	0.101		
χ^2(未约束)	1006.28	CFI	0.87		
df	35	NNFI	0.84		
χ^2/df	28.75	RMSEA	0.219		
$\Delta\chi^2(3)$	786.41				

注：数据分析采用了 Lisrel8.7，相关系数矩阵采用 Stata10.0 的 corr 命令获得。

每组量表下方的指标参数是独立模型验证性因子分析得到的相关指标。对于约束和未约束模型，$\Delta\chi^2$ 都显著增加，这说明整体模型相关维度之间的划分是合理的，同时共同方法偏差的问题影响不显著。

5.3.2 继续使用意向量表验证性因子分析

研究对继续使用意向量表的基本维度进行了相应的验证性因子分析。最终的拟合结果如表 5.25 所示，对继续使用意向的验证性因子分析的结果表明，χ^2/df 值等于5.41，小于 10，因此，这一指标基本达到研究设定的基本要求,而 CFI 及 NNFI 的值达到 0.98 和 0.99,RMSEA 的值为 0.087,小于 0.1,而同时各个测量指标的系数都大于 0.3,最低的达到 0.43,且均在 0.000 的显著性程度上显著。因此本研究仍然认为继续使用意向具有相对良好的聚合效度,量表能够反映出这一基本概念的内容,适用于做进一步的分析。

表 5.25 使用意向量表验证性因子分析

变量题项	全模型估计系数	t 值	估计值系数	t 值	p
使用意向_长期使用	0.88	26.23	0.88	26.23	0.000
使用意向_继续使用	0.43	10.50	0.43	10.50	0.000
使用意向_一直使用	0.89	26.65	0.89	26.65	0.000
使用意向_大量使用	0.86	25.03	0.86	25.03	0.000
χ^2	10.82	CFI	0.99		
df	2	NNFI	0.98		
χ^2/df	5.41	RMSEA	0.087		

5.3.3 用户满意量表验证性因子分析

研究进一步对用户满意量表的基本维度进行了相应的验证性因子分析。最终的拟合结果如表 5.26 所示,对继续使用意向的验证性因子分析的结果表明,χ^2/df 值等于 24.62,大于 10,这一指标大大超过最低要求,同时 RMSEA 的值也达到了 0.2,满足大于 0.1 的最低要求。但研究发现,研究模型本身的 CFI 及 NNFI 的值达到 0.92 和 0.95,都高于 0.9 的要求,而同时各个测量指标的系数都大于 0.3,最低的达到 0.77,且均在 0.000 的显著性程度上显著。因此本研究将仍然认为使用用户满意进行相应的分析是科学的,因为依据最初的因子分析和现在的验证性因子分析的结果,基本表明相关的量表在一定程度上具有相对良好的聚合效度,量表能够反映出这一基本概念的内容,适用于做进一步的分析。

表 5.26 用户满意量表验证性因子分析

变量题项	全模型估计系数	t 值	估计值系数	t 值	p
满意度_满意	0.77	21.82	0.77	21.82	0.000
满意_高兴	0.84	24.78	0.84	24.78	0.000
满意_失望开心	0.89	27.42	0.89	27.42	0.000
满意_糟糕愉快	0.89	27.32	0.89	27.32	0.000
满意_明智	0.82	23.90	0.82	23.90	0.000
满意_正确	0.85	25.40	0.85	25.40	0.000
χ^2	221.60	CFI	0.92		
df	9	NNFI	0.95		
χ^2/df	24.62	RMSEA	0.200		

5.3.4 技术性特征量表验证性因子分析

研究对技术性特征量表的3个基本维度进行了相应的验证性因子分析。最终的拟合结果如表5.27所示，娱乐性特征在一维划分下由于只有3个子项，在对应的设计下基本达到了饱和状态，并且相关题项本身的系数大于0.3，且在0.000的显著性程度上显著。进 步考察CFI以及NNFI的值发现，相应的值都大于0.9，同时在这样的情况下，RMSEA值为0.000，说明体验价值一致性本身的一维划分是合理并且达到饱和状态的。而CFI和NNFI的值为1，则说明相应的量表的各个题项本身具有较好的聚合效度，这说明本研究所设定的量表是相对合理的。

对有用性特征的进一步分析表明，相关构念的RMSEA的值达到0.189，高于0.1，并且χ^2/df值等于21.6，大于10，但CFI以及NNFI的值分别为0.92和0.97，同时各个测量指标值的系数明显大于0.75，比最低的要求0.3要高，且均在0的显著性程度上显著。本研究仍然认为本研究所利用的测量量表是可以反映有用性特征这一概念的，因此认为本研究设定的量表仍然是有效的。

对易用性特征的分析表明，相关量表在进行独立分析时RMSEA的值达到0.163，高于0.1，并且χ^2/df值等于16.98，大于10，但CFI以及NNFI的值分别为0.98和0.95，同时各个测量指标值的系数明显大于0.79，比最低的要求0.3要高，且均在0.000的显著性程度上显著。本研究仍然认为本研究所利用的测量量表是可以反映易用性这一概念的，因此认为本研究设定的量表仍然是有效的。

同时研究还进一步分析了技术性特征及娱乐性、有用性和易用性整体量表的区分效度以及聚合效度。研究表明，当3个构念被划分为本研究所设定的3个维度的时候具有最好的拟合值，对应的研究设计下，相应的χ^2/df值等于6.006，RMSEA值为0.093，低于0.1的最低要求。相比于把所有的几个构念维度划分为1个构念的情况，其χ^2值比其他几类的划分模式具有更低的参数值(包括χ^2值等)，而CFI、NNFI值则会显著更高，如在3个维度的划分模式下，样本的CFI、NNFI达到了0.98和0.97，而在一维划分下想要的CFI和NNFI达到了0.88和0.85，同时$\Delta\chi^2(2)$值达到1237。这说明本研究最初设定的3个基本的维度的划分模式是最为合理的，在这样的情况下，聚合和区分效度都能达到最高。同时在整体模型的聚合到各个维度的背景下,所有的变量题项本身的模型系数都达到了0.76以上,并且在0.000的显著性水平上显著,这说明相应的构念维度之间具有较好的区分度和聚合度。

表5.27 技术性特征量表验证性因子分析

变量题项	全模型估计系数	T值	估计值系数	T值	p
娱乐性_有意思	0.87	25.80	0.86	25.23	0.000
娱乐性_快乐	0.94	29.26	0.95	29.62	0.000
娱乐性_感觉舒服	0.85	24.77	0.84	24.22	0.000
χ^2	0	CFI	1		
df	0	NNFI	1		
χ^2/df		RMSEA	0		
有用性_更快获得	0.76	20.91	0.75	20.58	0.000
有用性_更多比较	0.86	25.18	0.87	25.48	0.000
有用性_相当有用	0.89	26.66	0.89	26.45	0.000
有用性_提升购物效率	0.75	20.78	0.87	19.80	0.000
χ^2	43.29	CFI	0.92		
df	2	NNFI	0.97		
χ^2/df	21.6	RMSEA	0.189		
易用性_学习网络购物是简单的	0.82	23.83	0.81	22.72	0.000
易用性_互动是简单明了的	0.81	23.14	0.79	22.03	0.000
易用性_网络购物是简单的	0.88	26.38	0.91	27.55	0.000
易用性_擅长网络购物	0.78	21.64	0.79	21.99	0.000
χ^2	32.97	CFI	0.98		
df	2	NNFI	0.95		
χ^2/df	16.98	RMSEA	0.163		
一致性构念全模型约束和未约束分析结果					
χ^2(约束)	246.26	CFI	0.98		
df	41	NNFI	0.97		
χ^2/df	6.006	RMSEA	0.093		
χ^2(未约束)	1483.68	CFI	0.88		
df	44	NNFI	0.85		
χ^2/df	33.72	RMSEA	0.237		
c	1237.42				

注:数据分析采用了Lisrel8.7,相关系数矩阵采用Stata10.0的corr命令获得。

每组量表下方的指标参数是独立模型验证性因子分析得到的相关指标。对于约束和未约束模型,$\Delta\chi^2$都显著增加,这说明整体模型相关维度之间的划分是合理的,同时共同方法偏差的问题影响不显著。

6 虚拟和现实一致性对继续使用意向的影响

本章主要通过 SPSS16.0 统计软件进行分析。研究在之前的相关量表的效度分析和信度分析的基础上，将进一步对相关变量进行简单的描述性统计、相关分析以及分层回归分析等，并最终依据相关量表进行相应的统计分析得到的结果来检验本研究设定的相关理论模型和相关假设的合理性。

6.1 变量的描述性统计

在进行相关变量的回归分析之前，研究首先对相关变量进行了探索性因子分析和验证性因子分析，在删除了多余的题项并验证了相关变量是具有高度内容效度、聚合效度和区分效度的情况下，研究进一步把用于探索性因子分析的变量用于本研究的进一步的回归分析中。在对相关变量进行回归分析之前，研究首先对各个变量进行了描述性统计分析和相关性分析，目的在于判定相关变量本身的基本统计特征以及分析各个变量之间可能存在的多重共线性问题，为将来在分析中采用不同的分析方法降低共线性的影响建立基础判定。表 6.1 为本研究提供了各个变量的相关系数矩阵，同时还给出了各个变量的均值和标准差。

从表 6.1 中提供的相关系数的矩阵可以看出，对于研究提供的所有的变量的相关系数，研究发现虚拟和现实一致性的相关构念如体验价值一致性、习惯一致性以及功能价值一致性的指标与用户满意指标高度相关，说明在一定程度上两者是存在相关关系的，同时对于传统的技术性特征如娱乐性、易用性和有用性这些基本指标，他们与满意度的关系也非常显著。这说明自变量和因变量之间本身的关系在一定程度上是可以得到证实的。相比于自变量和因变量之间的高度相关，在自变量之间相关系数本身的相关性要稍微低点，但在一定程度上也是说明变量是存在多重共线性影响的可能的，为尽量减少相关变量多重共线性关系的影响，本研究将尽量把有直接相关关系的变量分开来进行回归处理。尤其是对于相关系数大于0.5的自变量，可通过这种方法降低各个变量之间的多重共线性的影响。而通过考察控制变量和自变量以及调节变量之间的关系，控制变量和自变量以及调节变量之间相关系数相对较低，虽然也高度显著，但由于系数水平远远低于0.35，因此控制变量和自变量以及调节变量之间不会形成严重的多重共线性的影响。同时控制变量之间也不会出现多重共线性的问题。

这些变量之间的相关关系矩阵表明，存在显著相关的相关变量可能存在相关关系，但对于研究本身来讲，要证明其存在因果关系或者相关关系的形成来源于相应的变差，可能需要引入相关的控制变量来对多余的变差进行控制，利用回归分析得到的结果进行分析，这样得到的结果才有利于判断两个变量之间的关系的因果性。因此，本研究将进一步采用回归对相关变量之间的关系进行分析。

6.1.1 回归中的问题检验

通常来讲，为保证多元回归具有一定的科学性，需要避免三大基本的理论问题，即对于相关模型而言是不是可能存在多重共线性、序列相关和异方差问题；如果对应的理论模型能够很好地通过相关问题的检验，那么说明相关的理论模型是可信的、稳定的。如果存在相应的问题，那么对于研究来讲，得到的结果可能存在不稳定性（马庆国，2002）。但对于回归本身来讲，一般系列相关主要针对时序数据，对于截面数据而言，一般不会出现序列相关问题，因此对于截面数据而言，其多重共线性问题和异方差问题可能是影响最大的问题。因此，研究中并未做详细的分析。

（1）多重共线性检验。多重共线性主要指各个自变量和调节变量以及控制变量之间存在严重的线性相关，即多个变量变差存在共同的变化趋势，在SPSS中研究一般用方差膨胀因子（Variance Inflation Factor，VIF）指数来判断相关模型内变量之间的多重共线问题（马庆国，2002）。一般而言，当0＜VIF＜10时，可以认为不存在多重共线性；当10≤VIF＜100时，认为可能存在较强的多重共线性；当VIF≥100时，肯定存在严重多重共线性。

在进行分析的过程中，尤其是在做调节效应分析的过程中，通常要利用中心化处理的方法来降低多重共线性问题的影响。在本研究中，研究模型经过中性化处理后各个模型的VIF值显著小于10，基本都小于3.6，而独立的多元回归模型中的 VIF 值也相对较小，显著低于 10。因此，对于所有的回归模型的变量，不存在显著的多重共线性的影响。

(2)异方差问题检验。异方差问题主要是指随着解释变量的变化，被解释变量的方差有明显的跳跃，偏离原有的变量之间关系的轨迹(即不具有常数方差的特征)，相关异方差的问题通常可用散点图进行判断(马庆国，2002)。通过标准化预测值为横轴，标准化残差为纵轴，对相应的残差项的散点图分析，如果散点分布呈现无序状态，并且相关散点图不存在明显的跳跃，能够很好地聚集到某一中心点的周围，那么研究就可认为不存在明显的异方差。

经本研究进行相关的分析检验，研究中各模型的散点图均呈无序状并且不存在明显的大的跳跃，这是由于研究采用 7 分制量表的缘故，因变量的残差出现大的跳跃的可能性相对较小。因此，可以判定本研究各模型均不存在异方差问题。

(3)共同方法偏差的问题。由于数据的收集主要依赖主观打分，对于一个个体而言，其主观判断的过程、行为或者习惯会被引入自变量和因变量本身的判定过程，因此扩大因变量和自变量之间的相关关系，同时也可能提升自变量和调节变量之间的关系。对于这一问题，主要原因在于满意度、虚拟和现实一致性以及技术性相关特征是一种个体本身的主观的认知，这种认知通常无法采用客观数据来直接衡量，因此在这种情况下，需要通过主观打分的方式来实现个体对于相关现象的认知，但这样做相对容易出现一个共同方法偏差的问题。如果要检测是不是存在严重的共同方法偏差问题，一个方法就是利用验证性因子分析的方法测量自变量和因变量是不是能够很好地聚合到一起，或者是不是存在很好的区分度。如在验证性因子分析中，研究可以将自变量和因变量作为一个变量的多个维度进入一个结构模型，并对相关结构模型进行单维分析和多维分析，观测相关结构模型在利用不同分析方法后得到的 $\Delta\chi^2$ 值的变动，如果结果显示，$\Delta\chi^2$ 值变动相对较大，即在多维结构被整合为一维结构的情况下，$\Delta\chi^2$ 明显提升，并且高度显著，说明在这样的情况下各个变量之间能够有效区分，共同方法偏差问题并不严重，分析的结果不会受到很大影响。同时对于多重共线性问题的检验，也可以通过调节变量和自变量之间的关系来进行分析，通常而言，如果调节项显著的话，那么说明共同方法偏差的问题影响不是太大。本研究最后的分析表明，调节项的回归结果部分显著。并且在验证性因子分析的过程中发现，相关变量能够有效地进行区分，因此，研究认为共同方法偏差本身的影响不是太大。

表 6.1 变量的描述性统计

	Mean	Sd	1	2	3	4	5	6	7	8	9
性别	1.58	0.494									
年龄	2.76	1.215	−0.076								
经验	2.57	0.996	0.087*	0.300**							
网络消费	8617.54	15083.01	0.014	0.289**	0.391**						
总体消费	19600	26795.351	−0.008	0.405**	0.341**	0.843**					
体验价值一致性	4.607	1.188	−0.04	0.195**	0.276**	0.186**	0.139**				
习惯一致性	4.351	1.127	0.002	0.099*	0.202**	0.097*	0.061	0.580**			
功能价值一致性	3.838	1.357	−0.082*	0.267**	0.216**	0.175**	0.146**	0.571**	0.497**		
使用意向	4.642	1.278	−0.029	0.237**	0.378**	0.227**	0.162**	0.685**	0.566**	0.593**	
满意度	4.849	0.995	−0.027	0.203**	0.295**	0.236**	0.164**	0.697**	0.519**	0.619**	0.687**
娱乐性	4.796	1.251	0.056	0.141**	0.192**	0.151**	0.096*	0.529**	0.471**	0.409**	0.512**
有用性	5.253	1.16	0.038	0.182**	0.259**	0.176**	0.117**	0.574**	0.441**	0.458**	0.610**
易用性	5.438	1.148	0.118**	0.113**	0.261**	0.118**	0.062	0.549**	0.450**	0.374**	0.506**
体验 * 娱乐	0.528	1.273	−0.029	0.031	−0.068	0.088*	0.154**	−0.134**	−0.114**	−0.041	−0.138**
体验 * 有用	0.573	1.369	−0.034	0.07	−0.104*	0.05	0.136**	−0.191**	−0.148**	−0.045	−0.116**
体验 * 易用	0.548	1.391	−0.064	0.042	−0.105*	0.054	0.147**	−0.195**	−0.193**	−0.054	−0.175**
习惯 * 娱乐	0.47	1.307	−0.01	0.079	−0.013	0.04	0.152**	−0.111**	−0.105*	−0.037	−0.155**
习惯 * 有用	0.441	1.28	0.005	0.095*	−0.047	0.032	0.132**	−0.159**	−0.124**	−0.034	−0.179**
习惯 * 易用	0.449	1.376	−0.005	0.072	−0.039	0.043	0.158**	−0.195**	−0.159**	−0.055	−0.190**
变量	Mean	SD	10	11	12	13	14	15	16	17	18
娱乐性	4.796	1.251	0.614**								
有用性	5.253	1.16	0.685**	0.654**							
易用性	5.438	1.148	0.609**	0.568**	0.696**						
体验 * 娱乐	0.528	1.273	−0.144**	−0.166**	−0.152**	−0.232**					
体验 * 有用	0.573	1.369	−0.177**	−0.141**	−0.263**	−0.278**	0.737**				
体验 * 易用	0.548	1.391	−0.180**	−0.212**	−0.274**	−0.368**	0.732**	0.761**			
习惯 * 娱乐	0.47	1.307	−0.138**	−0.185**	−0.160**	−0.208**	0.648**	0.505**	0.507**		
习惯 * 有用	0.441	1.28	−0.162**	−0.164**	−0.262**	−0.245**	0.577**	0.694**	0.615**	0.769**	
习惯 * 易用	0.449	1.376	−0.186**	−0.197**	−0.228**	−0.340**	0.537**	0.572**	0.735**	0.734**	0.796**

表 6.2 技术型特征、虚拟和现实一致性与用户满意的标准化回归模型

变量		满意度					满意度		
		N=582(非平衡样本被自动剔除)					N=582(非平衡样本被自动剔除)		
		M1	M2	M3	M4	M5	M6	M7	M8
控制变量	性别	−0.060	−0.081	−0.078**	−0.109***	−0.095***	−0.063**	−0.088***	−0.058**
	年龄	0.094*	0.061*	0.010	0.073**	0.028	0.010	0.034	−0.024
	经验	0.240***	0.161***	0.116***	0.100**	0.093***	0.063**	0.077**	0.079**
	网络消费	0.250***	0.137**	0.110*	0.173***	0.101**	0.076	0.104*	0.077
	总体消费	−0.161*	−0.080	−0.044	−0.076	−0.035	−0.027	−0.036	−0.021
主效应	娱乐性		0.572***			0.233***	0.156***	0.184***	0.182***
	有用性			0.648***		0.358***	0.271***	0.339***	0.278***
	易用性				0.572***	0.190***	0.095**	0.148***	0.168***
理论核心构念	体验价值一致性						0.387***		
	习惯一致性							0.185***	
	功能价值一致性								0.324***
R^2		0.125	0.436	0.507	0.425	0.562	0.216	0.587	0.640
D−$R2$		0.125	0.310	0.382	0.300	0.437	0.526	0.461	0.514
A−R^2		0.117	0.429	0.501	0.418	0.555	0.645	0.579	0.633
F		14.220	272.383	383.732	258.204	164.061	185.330	137.223	170.669
df		(5,496)	(1,495)	(1,495)	(1,495)	(3,493)	(4,492)	(4,492)	(4,492)
$P(F)$		0.000	0.000	0.000	0.000	0.000	0.000	0.000	0.000

注:分析采用了 SPSS16.0;+表示 $p<0.15$,*表示 $p<0.1$,**表示 $p<0.05$,***表示 $p<0.01$。

表 6.3　技术性特征、虚拟和现实一致性与用户使用意向标准化回归模型

变量		继续使用意向 N=582(非平衡样本被自动剔除)					继续使用意向 N=582(非平衡样本被自动剔除)		
		M9	M10	M11	M12	M13	M14	M15	M16
控制变量	性别	−0.054	−0.071*	−0.069*	−0.093**	−0.081**	−0.044	−0.067*	−0.042
	年龄	0.143***	0.117***	0.074*	0.127***	0.086**	0.066*	0.097***	0.032
	经验	0.295***	0.231***	0.191***	0.183***	0.176***	0.141***	0.146***	0.162***
	网络消费	0.225***	0.133*	0.108*	0.164**	0.101	0.073	0.106*	0.076
	总体消费	−0.183**	−0.118*	−0.085	−0.116*	−0.080	−0.070	−0.081	−0.065
主效应	娱乐性		0.463***			0.178***	0.088**	0.082**	0.124***
	有用性			0.539***		0.332***	0.232***	0.296***	0.249***
	易用性				0.456***	0.124***	0.015	0.042	0.102**
理论核心构念	体验价值一致性						0.446***		
	习惯一致性							0.361***	
	功能价值一致性								0.338***
R^2		0.163	0.367	0.427	0.354	0.456	0.574	0.548	0.540
D−$R2$		0.163	0.203	0.264	0.191	0.293	0.118	0.092	0.084
A−R^2		0.155	0.359	0.421	0.346	0.447	0.566	0.540	0.532
F		19.382	158.969	228.302	146.275	164.061	136.061	100.546	89.785
df		(5,496)	(1,495)	(1,495)	(1,495)	(3,493)	(1,492)	(1,492)	(1,492)
$P(F)$		0.000	0.000	0.000	0.000	0.000	0.000	0.000	0.000

注:分析采用了 SPSS16.0;+表示 $p<0.15$,*表示 $p<0.1$,**表示 $p<0.05$,***表示 $p<0.01$。

6.2 虚拟和现实一致性对用户满意、继续使用意向的作用机制分析

下面本研究将通过回归的方法验证虚拟和现实一致性对用户满意的作用机制的假设，由于虚拟和现实一致性的测度依据相关理论的推理和归纳被划分为3大维度，即体验价值一致性、习惯一致性以及功能价值一致性，因此依据相关的假设，研究将利用3个主体模型来验证最初的假设。表6.2和表6.3给出了这一分析结果的总体的展示，在这3个模型中，因变量主要为用户满意，而自变量主要是体验价值一致性、习惯一致性以及功能价值一致性等变量。在表6.3中，因变量主要为继续使用意向。控制变量包括被研究个体本身的特征，如性别、年龄、经验、网络消费、总体消费等。

6.2.1 体验价值一致性与用户满意、继续使用意向

表6.2中的M6和表6.3中的M14分别提供了体验价值一致性与用户满意以及继续使用意向关系的分析结果。M6和M14中，体验价值一致性对用户满意以及继续使用意向回归结果的系数均显著，其中M6中回归系数为0.387($p<0.01$)；M14中回归系数为0.446($p<0.01$)，这意味着随着个体对现实服务和虚拟服务技术本身体验价值一致性认知程度的提升，用户在使用相关虚拟技术进行服务的时候，其本身的用户满意程度也会得到显著提升(M6)，而同时这种体验价值一致性认知的提升还能够有效提升个体对相关技术继续使用的意向程度(M14)。因此，本研究所提供的几个基本假设都得到了验证，即假设2a和2b都得到验证。

6.2.2 习惯一致性与用户满意、继续使用意向

表6.2中的M7和表6.3中的M15分别提供了习惯一致性认知与用户满意以及继续使用意向关系的分析结果。M7和M15中，习惯一致性对用户满意以及继续使用意向回归结果的系数均显著，其中M7中回归系数为0.185($p<0.01$)；M15中回归系数为0.361($p<0.01$)，这意味着随着个体对现实服务和虚拟服务技术本身习惯一致性认知程度的提升，用户在使用相关虚拟技术进行服务的时候，其本身的用户满意程度也会得到显著提升(M7)，而同时这种习惯一致性认知的提升还能够有效提升个体对相关技术继续使用的意向程度(M15)。因此，本研究所提供的几个基本假设都得到了

验证,即假设 1a 和 1b 都得到验证。

6.2.3 功能价值一致性与用户满意、继续使用意向

表 6.2 中的 M8 和表 6.3 中的 M16 分别提供了功能价值一致性认知与用户满意以及继续使用意向关系的分析结果。M8 和 M16 中,功能价值一致性对用户满意以及继续使用意向回归结果的系数均显著,其中 M8 中回归系数为 0.324($p<0.01$); M16 中回归系数为 0.338($p<0.01$),这意味着随着个体对现实服务和虚拟服务本身功能价值一致性认知程度的提升,用户在使用相关虚拟技术进行服务的时候其本身的用户满意程度也会得到显著提升(M8),而同时这种功能价值一致性认知的提升还能够有效提升个体对相关技术继续使用的意向程度(M16)。因此,本研究所提供的几个基本假设都得到了验证,即假设 3a 和 3b 都得到验证。

6.3 技术性特征对用户满意、继续使用意向的作用机制分析

6.3.1 技术娱乐性与用户满意、继续使用意向

表 6.2 中的 M2 和表 6.3 中的 M10 分别提供了技术娱乐性与用户满意以及继续使用意向关系的分析结果。M2 和 M10 中,技术娱乐性对用户满意以及继续使用意向回归结果的系数均显著,其中 M2 中回归系数为 0.572($p<0.01$); M10 中回归系数为 0.463($p<0.01$),这意味着随着个体对技术性特征中技术本身的娱乐性的提升,用户在使用相关虚拟技术进行服务的时候其本身的用户满意程度也会得到显著提升(M2),而同时这种娱乐性认知的提升还能够有效提升个体对相关技术继续使用的意向程度(M10)。因此,本研究所提供的几个基本假设都得到了验证,即假设 6a 和 6b 都得到验证。

6.3.2 技术有用性与用户满意、继续使用意向

表 6.2 中的 M3 和表 6.3 中的 M11 分别提供了技术有用性认知与用户满意以及继续使用意向关系的分析结果。M3 和 M11 中,技术有用性认知对用户满意以及继续使用意向回归结果的系数均显著,其中 M3 中回归系数为 0.648($p<0.01$); M11 中回归系数为 0.539($p<0.01$),这意味着随着个体对现实服务和虚拟服务本身技术有用性认知程度的提升,用户在使用相关虚拟技术进行服务的时候其本身的用户满意程度也会得到显著提升(M3),而

同时这种技术有用性认知的提升还能够有效提升个体对相关技术继续使用的意向程度(M11)。因此,本研究所提供的几个基本假设都得到了验证,即假设4a和4b都得到验证。

6.3.3 技术易用性一致性与用户满意、继续使用意向

表6.2中的M4和表6.3中的M12分别提供了技术易用性认知与用户满意以及继续使用意向关系的分析结果。M4和M12中,技术易用性认知对用户满意以及继续使用意向回归结果的系数均显著,其中M4中回归系数为0.572($p<0.01$);M12中回归系数为0.456($p<0.01$),这意味着随着个体对现实服务和虚拟服务技术本身技术易用性认知程度的提升,用户在使用相关虚拟技术进行服务的时候其本身的用户满意程度也会得到显著提升(M4),而同时这种技术易用性认知的提升还能够有效提升个体对相关技术继续使用的意向程度(M12)。因此,本研究所提供的几个基本假设都得到了验证,即假设5a和5b都得到验证。

6.4 讨论

本研究基于ECM、ECM-IT理论以及激励理论,提出虚拟和现实的一致性会影响个体在使用模拟现实服务的虚拟服务技术的满意度和个体对相关技术的技术使用意向。通过相关数据的分析表明,个体的体验价值一致性、习惯一致性以及功能价值一致性的认知会很大程度上影响个体对相关技术使用结果的满意度以及技术使用意向。在这里,最值得我们关注的是这种一致性来自于个体对现实服务的体验和认知同基于虚拟化相关服务技术后的体验和认知的差异。这种认知差异的来源表明,在现实服务不断被虚拟化的过程中,不仅仅技术本身可能会觉得技术容易被接受,传统的服务本身的相关特征也会对相关技术的解释产生决定性的影响。同时传统的技术性特征如技术的娱乐性、易用性以及有用性也会对相关技术使用过程中的满意度认知和继续使用意向产生直接的影响。

6.4.1 虚拟和现实一致性与用户满意

研究表明,个体对相关服务技术和现实的服务对比后得到的体验价值一致性、习惯一致性和功能价值的一致性认知会决定个体对相关服务本身的满

意的认知。传统的满意度理论、ECM理论都已经证实,个体满意的程度来自于个体本身的期望和实际得到结果的差异。这种差异是一种对比的结果,这一对比性的结果将最终决定个体整体的满意程度。

针对服务技术本身存在的价值来源和个体本身形成特定的约束机制的来源,本研究认为个体会对现实情况下的服务体验、功能价值以及本身的习惯与虚拟背景下的相关服务体验、功能价值以及习惯进行对比,这种对比会对个体产生期望和实践结果的差异。而这种差异将直接决定个体本身的满意度,相比于传统的TAM模型而言,本研究认为个体本身的技术接受的过程不仅仅是由服务本身的体验、习惯、价值决定的,同时还是由这些因素在两种可相互替代性背景下的对比性结果所决定的。这一理论同ECM-IT理论的基本理论模型保持一致,但相比于ECM-IT理论,本研究不仅仅强调相同技术的重复尝试,这种技术的重复尝试带给个体一定的预期差异,从而带来对服务本身的满意程度的认知,本研究更加强调两种不同情境下服务本身尝试的差异带来的对比性结果,这在传统的研究中被大量忽视的现象很大程度上对于现实服务虚拟化不断增强的现实情况具有非常重要的决定性的价值。而研究也表明,现实的服务本身为个体形成了一定的体验、习惯性认知,而这种认知确实会很大程度上决定未来同类虚拟服务技术本身的使用满意度。这对虚拟服务技术的继续使用具有非常直接的现实指导意义。即在提供模拟现实服务的虚拟服务的过程中,如何把技术本身的体验和习惯与现实的服务体验和习惯对接、形成必要的一致性程度将决定技术尤其是服务性技术在初期的发展和扩散。

6.4.2 虚拟和现实一致性与继续使用意向

本研究在结合ECM-IT理论框架的基础上,进一步引入了模拟现实服务的虚拟服务技术,并考虑了这种技术本身一致性对技术使用意向的影响。本研究的研究结果表明,相关技术本身的现实和虚拟的一致性程度在很大程度上将同时决定个体对相关技术的继续使用意向。即技术本身的体验价值一致性、习惯一致性以及功能价值的一致性也会对个体的继续使用意向产生直接影响。相比于传统的研究,ECM-IT理论更强调这种一致性差异可能对个体的满意程度产生影响,进而影响个体对技术继续使用意向。但TAM2理论指出,个体本身的习惯、体验可能产生一定的锚定效应,这种锚定结果会对个体采纳相关的信息技术产生一定的影响。但随着个体对相关技术的不断使用,这种锚定效应会不断地得到调整,而这种调整和改变会很大程度上决定个体对相关技术的采纳和继续使用意向。因此相比于仅仅将这种一致性差异程度用于分析满意度的认知的产生,研究认为,这种一致性差异程度在一定程度上也是对个体锚定行为的一种改进或者拓展,这种改进或者拓展将很大程度上决定个体本身的继续使用意向。

而现实的分析结果也确实表明,现实和虚拟本身的一致性程度确实很大程度上会决定个体对相关技术继续使用意向的行为。相比于传统的理论仅仅认为个体的个性特征以及技术本身的技术性特征会对个体对技术使用意向产生影响,本研究更加强调基于某一现实服务形成的锚定效果以及基于相关锚定效果产生的改变对个体本身对相关技术的继续使用会产生影响。这意味着,对于技术本身而言,如果相关技术是对现有生产技术或者服务技术的一种虚拟化,那么理解相关技术本身给客户带来价值的实现方式以及如何改变这种价值的实现方式对于虚拟服务技术的继续使用具有非常直接的决定性作用。

6.4.3 技术性特征与用户满意

相比于传统的服务本身而言,研究认为在对虚拟服务技术被继续使用的过程中,技术性特征如技术的娱乐性、有用性和易用性都会对相关服务技术本身的使用满意程度产生影响。相关理论主要来源于 ECM 理论基础,由于用户的行为的产生来自于个体对一种行为可能产生结果的认知,如果一种结果能够为个体带来利益或者良好的体验,那么个体必将会继续使用。而依据满意本身的来源形成而言,这种认知不仅仅来自于结果性的对比,同时它也来自于个体在一种服务或者体验本身的过程中,这种过程性的因素会很大程度上决定个体本身最终满意度的认知。因此本研究认为技术本身的娱乐性、易用性以及有用性会很大程度上改变个体本身的过程体验,这种体验会在很大程度上改变个体的满意度的认知。

统计数据的结果也确实表明,技术本身的娱乐性、易用性以及有用性对个体最终的技术使用的满意度起到决定性的作用。这意味着,在一项现实服务被虚拟化的过程中,其本身现实性的服务特性不仅仅要被不断模仿,同时给予技术本身的创新以及体验也是至关重要的。当然,对于技术本身而言,它本身的技术性特征和服务性特征将是相关技术被个体接受的重要基础。

6.4.4 技术性特征与继续使用意向

对于虚拟服务技术本身的特性而言，其不仅仅是一种服务，也是一种技术。这种技术性的特征使得个体不仅仅需要考虑技术所提供的服务内容，同时相关技术本身的特征如娱乐性、易用性以及有用性都将决定个体对相关技术继续使用的意向程度。如现有的技术接受理论认为技术的有用性、易用性以及娱乐性是技术被采纳的决定性因素，但随着技术的发展，尤其是当一项技术在发展的过程出现多种不同形态的替代性技术的时候，这种技术是不是能够超越本身的技术性成为相关技术能否被接受的重要支撑性因素？如对于模拟现实服务的虚拟服务技术而言，相关的技术性特征更多的是作为一种必要条件而存在，由于相关技术在现实的背景下很容易被替代，如果相关技术不能体现相应的服务性特征，那么相关技术将不可能被技术使用者重复使用。

因此，在本研究的背景下，研究认为，在存在多种替代性技术的背景下，对于模拟现实服务的虚拟服务技术而言，技术性的特征更多的是作为技术本身的一种必要性条件而存在，虽然对于个体是不是继续使用相关技术有着一定程度的影响，但起到决定性影响的可能更多的是来自于现实和虚拟的服务性特征的差异比较（见表 6.4）。

表 6.4 虚拟现实一致性、技术性特征与用户满意以及继续使用意向假设检验结果汇总

假设序号	假设内容	验证情况
假设 1a：	习惯一致性认知对个体的满意程度具有正向影响。	验证
假设 2a：	体验价值一致性认知对个体的满意程度具有正向影响。	验证
假设 3a：	功能价值一致性认知对个体的满意程度具有正向影响。	验证
假设 1b：	习惯一致性认知对个体的继续使用意向具有正向影响。	验证
假设 2b：	体验价值一致性认知对个体的继续使用意向具有正向影响。	验证
假设 3b：	功能价值一致性认知对个体的继续使用意向具有正向影响。	验证
假设 4a：	有用性认知对个体的满意程度具有正向影响。	验证
假设 5a：	易用性认知对个体的满意程度具有正向影响。	验证
假设 6a：	娱乐性认知对个体的满意程度具有正向影响。	验证
假设 4b：	有用性认知对个体的继续使用意向具有正向影响。	验证
假设 5b：	易用性认知对个体的使用意向具有正向影响。	验证
假设 6b：	娱乐性认知对个体的使用意向具有正向影响。	验证

6.5 小结

本章在第4章理论开发的基础上，通过统计数据分层回归的方法进一步验证了相关的理论假设，总体而言，现实和虚拟的一致性认知对个体本身的技术使用的满意度以及技术的继续使用意向存在重要的影响，这意味着个体本身是否继续使用一项技术不仅仅受到技术本身的相关特征的影响，这种技术所模拟的服务在最初形成的价值体验、习惯以及功能价值上都对个体最终的技术使用产生重要的影响。这一发现的重要性在于，为研究提供了一个新的视角。建立了一个虚拟和现实一致性相关理论，对于技术本身的开发和发展尤其是模拟现实服务的虚拟服务技术的发展而言，具有非常直接的理论指导意义。而对于技术本身的技术性特征而言，这些技术性特征在存在多种替代性技术或者服务的背景下，他们本身的技术性特征可能会越来越多地成为一种必要的条件，而服务性的特征的满足程度是相关技术最终被接受的重要影响因素。

7 技术性特征对虚拟和现实一致性与用户满意、继续使用意向关系的调节作用

在验证了虚拟和现实一致性与用户满意、个体对相关技术继续使用意向的关系后，本研究进一步考察了技术性特征可能会对虚拟现在一致性相关因素同用户满意、技术使用意向的直接关系会如何产生影响，即主要考察技术性特征如技术娱乐性、技术易用性以及技术的有用性特征会如何影响虚拟和现实一致性中习惯一致性、体验价值一致性与社会满意以及继续使用意向的直接关系。相关分析的重要性在于，对于个体而言，理解其行为的不断改变的关键在于理解技术作为一种服务内容在多大程度上能改变个体的满意体验认知，因为个体接受一种服务技术对另一服务的替代，很大程度上源于其新的技术能够为其带来更加高级或者更多的满意体验，因此，理解这些一致性差异的产生过程中，哪些模拟现实服务的体验、习惯认知需要增强，而哪些可能可以弱化将能够有效地理解相关技术如何基于现实服务进行必要的改进，从而推动个体对相关服务技术的接受具有至关重要的理论价值。

在进行调节效应分析的过程中，研究过程中通常需要将自变量和调节变量先做中心化处理，这样可以降低可能面临的多重共线性的影响，降低 VIF 值。因此在研究中，研究对虚拟和现实一致性的两个维度的两个变量指标以及技术性特征的三个维度的指标如技术的娱乐性、有用性以及易用性都做了中心化，并将中心化后的数据相乘以获得交叉项，同时由于自变量、调节变量与控制变量之间的量纲存在不一致性，在研究中自变量和调节变量主要利用了 Likert7 分制的量表，而控制变量则主要利用相关变量本身在现实中的量纲，因此在做相关分析的时候，研究对可能产生影响的量纲都进行了标准化处理，这一处理使得所有影响都能在与一标准下被观察和比较。表 7.1 提供了技术性特征对虚拟和现实一致性与用户满意、继续使用意向关系的调节作用机制的分析结果。表 7.1 的模型 1、2、3、4、5(M1、M2、M3、M4、M5)的因变量为用户满意度，控制变量为性别、经验、年龄以及网络消费和总体消费数量，而自变量和调节变量为体验价值一致性和习惯一致性，调节变量为技术娱乐性、技术有用性和技术易用性。

表 7.1 技术性特征对虚拟和现实一致性与用户满意、继续使用意向关系的调节作用的标准化回归模型

变量		满意度 N=582(非平衡样本被自动剔除)					使用意向 N=582(非平衡样本被自动剔除)			
		M1	M2	M3	M4	M5	M6	M7	M8	M9
控制变量	性别	−0.060	−0.095***	−0.063**	−0.062**	−0.066**	−0.054	−0.016	−0.044	−0.046
	年龄	0.094*	0.028	0.013	0.010	0.010	0.143***	0.084**	0.066**	0.075**
	经验	0.240***	0.093***	0.059*	0.062**	0.062**	0.295***	0.144***	0.140***	0.133***
	网络消费	0.250***	0.101**	0.079	0.088*	0.074	0.225***	0.068	0.090*	0.069
	总体消费	−0.161*	−0.035	−0.028	−0.041	−0.023	−0.183**	−0.082	−0.084	−0.056
主效应	满意度							0.629***		
	娱乐性		0.233***	0.145***	0.138***	0.138***			0.026	0.034
	有用性		0.358***	0.270***	0.284***	0.276***			0.254***	0.239***
	易用性		0.190***	0.088**	0.103**	0.090**			−0.006	−0.021
理论核心构念	体验价值一致性		0.387***	0.362***	0.361***	0.364***			0.355***	0.347***
	习惯一致性		0.060*	0.065*	0.062*				0.237***	0.244***
	调节项									
	体验 * 娱乐				−0.089**				−0.124***	
	体验 * 有用				0.009				0.209***	
	体验 * 易用				0.114**				−0.042	
	习惯 * 娱乐					−0.073^{+}				−0.103**
	习惯 * 有用					0.037				0.049
	习惯 * 易用					0.031				0.018

续表

变量	满意度					使用意向			
	N=582(非平衡样本被自动剔除)					N=582(非平衡样本被自动剔除)			
	M1	M2	M3	M4	M5	M6	M7	M8	M9
R^2	0.125	0.651	0.653	0.659	0.655	0.163	0.510	0.623	0.613
D−$R2$	0.125	0.526	0.528	0.006	0.002	0.163	0.346	0.014	0.004
A−R^2	0.117	0.645	0.646	0.650	0.646	0.155	0.504	0.613	0.603
F	14.220	185.330	149.507	2.654	0.002	19.382	349.504	5.855	1.629
df	(5,496)	(4,492)	(5,491)	(3,488)	(3,488)	(5,496)	(1,495)	(3,488)	(3,488)
$P(F)$	0.000	0.000	0.000	0.048	0.453	0.000	0.000	0.001	0.182

注:分析采用了 SPSS16.0;+表示 $p<0.15$,* 表示 $p<0.1$,** 表示 $p<0.05$,*** 表示 $p<0.01$。

模型6、7、8、9(M6、M7、M8、M9)的因变量为用户的继续使用意向,控制变量为性别、经验、年龄以及网络消费和总体消费数量,而自变量和调节变量为体验价值一致性和习惯一致性,调节变量为技术娱乐性、技术有用性和技术易用性。同时为研究满意度与继续使用意向的关系,在模型6中自变量为用户满意。

7.1 技术性特征对虚拟和现实一致性与用户满意关系的调节作用

表7.1中的M4和M5分别提供了技术娱乐性、技术易用性以及技术有用性认知对体验价值一致性和习惯一致性与用户满意关系的分析结果。模型4以及模型5中,技术性特征与虚拟与现实一致性相关理论构念对用户满意的影响都显著,同时在增加了技术性特征与虚拟和现实一致性相关理论构念的调节项之后,模型4的解释度 ΔR^2 增加了0.006,ΔF 为2.654,并且在0.05的显著性水平上达到显著,同时相关的调节项的系数如体验价值一致性*技术娱乐性也在0.05的显著性水平上显著[体验价值一致性*技术娱乐性的系数为-0.089($p<0.05$)],体验价值一致性*技术易用性的调节项系数也在0.05的水平上显著[体验价值一致性*技术易用性的系数为0.114($p<0.05$)](图7.1和图7.2)。这说明技术性特征对虚拟和现实一致性的调节作用显著,即对于现实和虚拟一致性变量而言,如果相关技术本身的娱乐性和易用性存在不同,那么个体本身的体验价值一致性对满意度认知的影响也会受到影响。相比而言,习惯一致性与满意度的关系也会受到技术性特征的影响,但这种影响本身并没有体验价值一致性和满意度之间的关系那么强,研究表明在增加了技术性特征和虚拟和现实一致性相关理论构念的调节项之后,模型5的解释度 ΔR^2 增加了0.002,ΔF 为0.002,并未达到显著,但相关的调节项的系数习惯一致性*技术娱乐性则在0.15的显著性水平上达到显著[习惯一致性*技术娱乐性的系数为-0.073($p<0.15$)](图7.3),这说明技术性特征对习惯一致性与满意度之间的关系存在微弱的调节作用。因此,本研究认为假设10a,11a和13a都得到了验证。

7.2 技术性特征对虚拟和现实一致性与继续使用意向关系的调节作用

表7.1中的M8和M9分别提供了技术娱乐性、技术易用性以及技术有

用性认知对体验价值一致性和习惯一致性与用户继续使用意向的分析结果。模型8和9中,技术性特征和虚拟和现实一致性相关理论构念对继续使用意向的影响都显著,而同时在增加了技术性特征和虚拟和现实一致性相关理论构念的调节项之后,模型8的解释度ΔR^2增加了0.014,ΔF为5.855,并且在0.05的显著性水平上达到显著,同时相关的调节项的系数如体验价值一致性 * 技术娱乐性也在0.01的显著性水平上显著[体验价值一致性 * 技术娱乐性的系数为$-0.124(p<0.01)$],体验价值一致性 * 技术有用性的调节项系数也在0.01的水平上显著[体验价值一致性 * 技术有用性的系数为$0.209(p<0.01)$](见图7.4和图7.5)。这说明技术性特征对虚拟和现实一致性的调节作用显著,即对于现实和虚拟一致性变量而言,如果相关技术本身的娱乐性和有用性存在不同,那么个体本身的体验价值一致性对技术的技术使用意向也会受到影响。相比而言,习惯一致性与技术继续使用意向的关系也会受到技术性特征的影响,但这种影响本身并没有体验价值一致性和继续使用意向的关系那么强。研究表明在增加了技术性特征和虚拟和现实一致性相关理论构念的调节项之后,模型9的解释度ΔR^2增加了0.004,ΔF为1.629,并未达到显著,但相关的调节项的系数习惯一致性 * 技术娱乐性则在0.05的显著性水平上达到显著[(习惯一致性 * 技术娱乐性的系数为$-0.103(p<0.05)$)](见图7.6),这说明技术性特征对习惯一致性与继续使用意向的关系存在调节作用。因此,本研究认为假设10b,12b和13b都得到了验证。

7.3 满意与继续使用意向

表7.1还给出了满意与继续使用意向之间的关系的分析结果。表7.1中的M7提供了满意度与继续使用意向关系的分析结果。从模型7的分析结果看,用户满意与继续使用意向的回归结果的系数显著[其中M7中回归系数为$0.629(p<0.01)$]。这意味着随着个体对技术的继续使用意向一部分来源于个体本身对相关技术本身的使用满意程度。因此,本研究所提供的假设7也得到验证。

7.4 讨论

本研究主要探讨了 ECM 理论在模拟现实服务的虚拟服务技术的继续使用意向的研究中是不是仍然适用。研究表明,ECM 理论在相关的现实背景下仍然适用,同时,对现有的理论存在一定的应用范围的拓展,如传统的研究主要针对同一技术的重复使用后的结果的认知,而对于现有研究而言,这种一致性认知并非来源于同一技术或者场景内部的重复使用,而是一类技术在现实中的认知与其在虚拟化后的使用的认知的差异。这一研究对于不断发展的技术尤其是模拟现实服务的虚拟服务技术的发展具有积极的现实和理论意义。因此,研究认为对于现有的现实服务和虚拟服务本身的体验价值一致、习惯一致可能在不同的环境和技术特征下能够被一定的技术性特征所弥补,在这样的情况下,虚拟化技术即使不能完全模仿现实技术,而由于其本身技术性特征存在一定的独特性价值和体验,也能够改变用户在使用满意度以及继续使用意向上的认知。研究结果表明,体验价值一致性与用户满意的关系受到技术娱乐性和易用性的影响,而习惯一致性与用户满意的关系则受到娱乐性特征的影响。体验价值一致性与继续使用意向的关系受到技术娱乐性和有用性的影响,而习惯一致性与继续使用意向的关系则受到娱乐性特征的影响。

7.4.1 技术性特征对虚拟和现实一致性与用户满意关系的调节作用

研究结果表明,技术性特征对虚拟和现实一致性与用户满意之间的关系确实存在相应的调节作用。具体而言,技术娱乐性对体验价值一致性和习惯一致性与用户满意之间的关系存在负向调节,这和预期的调节关系的作用方式存在不一致(见图 7.1)。对于这一现象的产生,研究认为,无论是对于体验还是习惯一致性而言,这种一致性差异认知都来自于个体对于现实的服务技术和虚拟服务本身的对比。这种对比产生了一致性程度的差异。通常而言,这种一致性差异程度越高,意味着个体本身可能获得的满意程度越低,但这种现象是基于个体对相应的满足程度来源于相同的目标源的情况下实现的。基于网络技术的虚拟服务可以为客户提供完全不同的服务方式,而用户同样能够获得相应的娱乐性的认知,这说明用户对相关服务本身认知中所获得的娱乐性认知的来源可能与现实的服务的体验和习惯认知存在不同,这种差异可能导致虚拟服务技术对现有的现实的服务技术产生替代。在这样的情况下,即使个体本身所获得的体验和接受服务的习惯与现实的体验和接受服务的习惯存在巨大差别,独特的娱乐性的来源也会使得个体仍然能够获得很高的满意程度(见图 7.2)。在这样的情况下,虚拟服务技术对现实的服务技术的娱乐性来源可能产生重要的替代。事实上,理论研究认为网络或者虚拟化技术本身的娱乐性更多地来源于个体本身沉浸感的获得,这种沉浸感使得个体能够不断地得到满足。相比而言,个体在现实中接受服务的过程中,个体的体验和习惯更多地需要在服务、交互的过程中得到体现。这种差异的形成,使得虚拟服务可能对现实的服务技术存在一定的替代性。

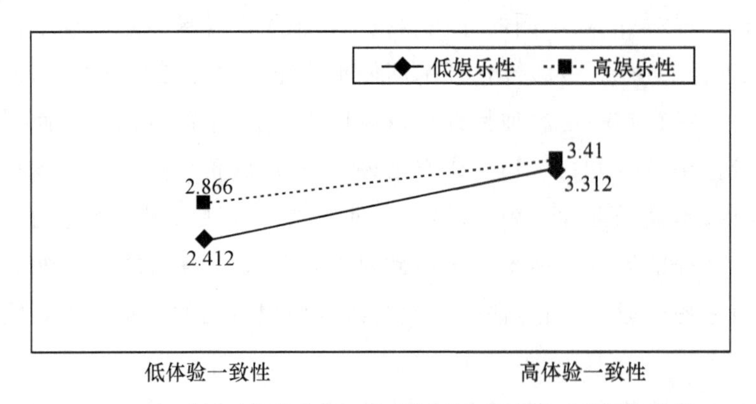

图 7.1 娱乐性对体验价值一致性与用户满意关系的调节作用

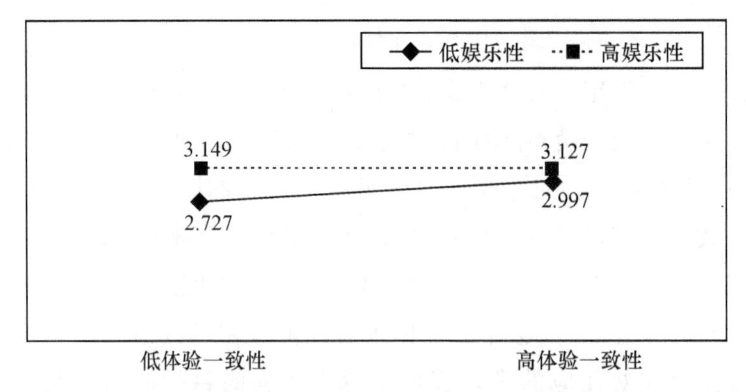

图 7.2 娱乐性对习惯一致性与用户满意关系的调节作用

相比而言，技术的易用性对体验价值一致性与满意度的关系符合研究最初的假设。即如果个体的虚拟服务和现实服务的体验价值一致性很高，那么技术本身的易用性将能够提高这种一致性与满意度的关系强度（见图 7.3）。这意味着，体验价值一致性和技术易用性在提升个体本身的满意程度上是互补的，个体对一项技术如果能够获得和现实体验比较一致的结果，而这种一致性又不会受到技术本身的阻碍，那么个体对相应的技术使用的满意程度就会得到提升。事实上，由于技术本身是易用的，那么个体在体验服务的过程中，就更加会把相关服务与现实的服务等同起来，因为在虚拟和现实的结合上缺乏了技术本身的隔阂，这就使得个体在应用技术的时候会显得更具现实感。同时这一调节作用的显著也说明技术的易用性对现实服务体验不存在替代性，这主要原因在于对于现实的服务技术而言，通常基于人人的交互，在这个过程中交互既可以得到必要的体验，而易用性作为存在于技术服务中的一种，它是现实服务体验中难以出现的一种因素，这意味着这是一种必要而非充分的影响因素，作为技术被采纳的必要的补充，如果技术本身的易用性程度相对较高，那么体验价值一致性对相关技术使用满意程度的认知也会更高。

相比而言，有用性对习惯与用户满意的关系并不存在直接的调节作用，同时有用性对体验与用户满意的关系也不存在直接的调节作用。这意味着，如果仅仅从提升个体满意程度角度去提升个体的技术继续使用意向，提升相关技术的与现实娱乐性完全不同的娱乐性特征外，带入现实服务的娱乐性源泉是技术能够被接受的重要基础。而改变相关技术的易用性能够改变个体的最终满意程度。

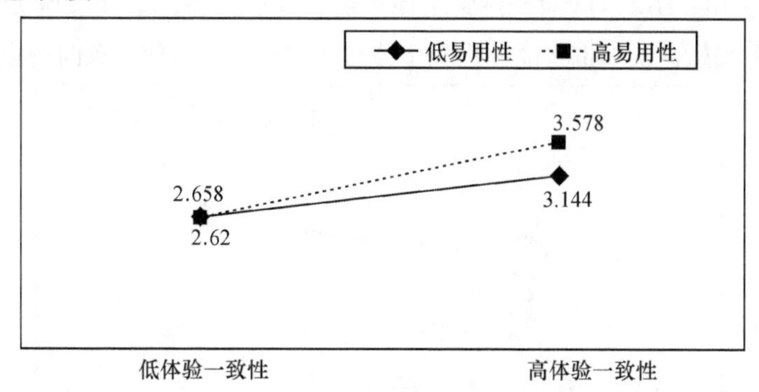

图 7.3 易用性对体验价值一致性与用户满意关系的调节作用

7.4.2 技术性特征对虚拟和现实一致性与继续使用意向关系的调节作用

技术性特征对虚拟和现实一致性与继续使用意向关系的调节作用的分析表明,技术性特征对虚拟和现实一致性与继续使用意向之间的关系也存在相应的调节作用。具体而言,技术娱乐性对体验价值一致性和习惯一致性与继续使用意向之间的关系存在负向调节,这和预期的调节关系的作用方式存在不一致,但和技术娱乐性对体验价值一致性和习惯一致性与用户满意之间的关系一致(见图 7.4)。对于这一现象的产生,本研究认为这和娱乐性特征对体验和习惯一致性与用户满意关系的影响机制相对类似(见图 7.5)。即无论是对于体验还是习惯一致性,这种一致性差异都来自于个体对现实性服务与虚拟服务本身的对比。同时这种一致性差异程度越高,通常来讲个体越不可能去继续使用相关技术,但这种现象可能存在特殊情况,即这种一致性的来源是由于现实的娱乐性和虚拟化的娱乐性的差异导致的。正如前文所述,虚拟化的技术给人带来娱乐性的感知可能来自于个体对网络提供服务的沉浸感、个体对相关服务本身体验的自助感,相比而言,基于现实的服务本身的娱乐性认知更多的是来源于服务过程的体验,这两种体验在一定程度上是存在差异并且可能存在替代性的。在这样的情况下,即使个体本身所获得的体验和接受服务的习惯与现实的体验和接受服务的习惯存在巨大差别,独特的娱乐性的来源也会使得个体仍然希望继续使用相关虚拟服务。在这样的情况下,虚拟服务技术对于现实服务的娱乐性源泉可能产生重要的替代。因此,对于模拟现实服务的虚拟服务技术的开发和发展而言,一个很重要的推动因素可能是能够开发完全不同于现实服务的娱乐性体验的来源,即使为了获得相应的娱乐认知和体验个体可能需要改变相应的接受服务的习惯,不同的体验和娱乐性认知也将能够推动个体对相关技术继续使用意向的提升。

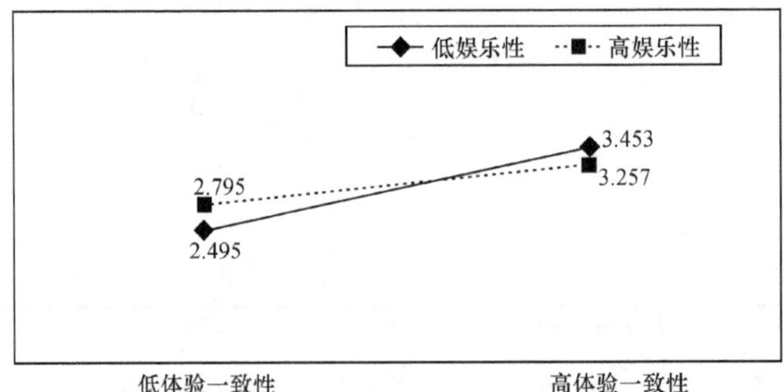

图 7.4 娱乐性对体验价值一致性与继续使用意向关系的调节作用

类似的，本研究同时表明技术本身的有用性认知对体验价值一致性与继续使用意向的关系符合研究最初的假设，这和技术性特征对体验价值一致性与满意的关系的研究存在一定的差异（见图7.6）。在这样的情况下，如果个体的虚拟服务和现实服务的体验价值一致性很高，那么技术本身的有用性将能够提高这种一致性与继续使用的关系强度。这意味着，体验价值一致性和技术有用性在提升相关技术的继续使用上是互补的，个体如果对一项技术能够获得和现实体验比较一致的结果，而且发现这种技术也是相当有用的，如现实的购物效率或者物品的价格对比效率更高，那么个体对相应的技术继续使用的意向就会得到提升。事实上，由于技术本身是有用的，同时相应的技术与现实的服务存在的体验差别很小，个体可能发现在相对较短的时间内能够获得更多的需求的满足，这种满足可能改变个体对一项技术的使用态度。事实也确实如此，如网络购物服务的出现，虽然在网络中个体可能获得服务的体验不如现实中的体验那么充分，但由于网络技术本身能够为用户提供更高的产品和搜索效率，基于网络的购物服务仍然能够快速被人们所接受。另外，这一调节作用也说明，有用性本身是独立于现实服务体验之外的一种独特的认知来源，并且这种认知来源是能够增强服务内容和服务效率的。因此，对于模拟现实服务的虚拟服务技术的开发而言，体现虚拟服务技术本身的独特性很大程度上要体现技术性的有用性特征。而同时，虚拟服务还要能够尽量保持现实的服务体验。

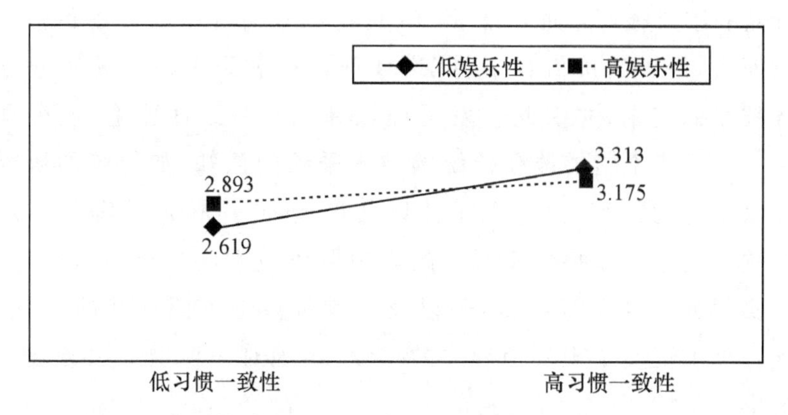

图7.5　娱乐性对习惯一致性与继续使用意向关系的调节作用

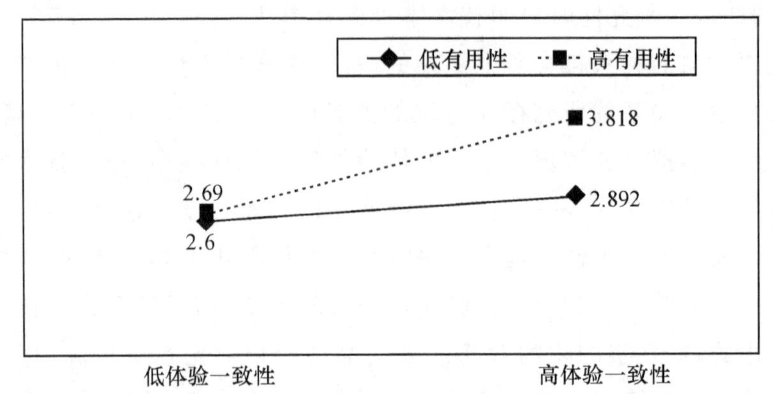

图 7.6 有用性对体验价值一致性与继续使用意向关系的调节作用

7.4.3 用户满意与继续使用意向

正如研究所设定的模型假设,研究表明,满意对继续使用意向存在正向的直接影响。对于本研究而言,基于 ECM 理论研究认为,个体的技术使用的态度来源于个体的满意程度。只有个体对一项技术使用获得足够的满足程度,个体才可能继续使用相应的技术。这与传统的技术接受理论认为技术的使用可能直接来源于技术性特征和个体性的特征而言,本研究更加强调技术采纳本身的动机性因素。即只有当个体得到内在和外在因素的刺激并且得到满意结果的情况下,个体才可能形成一定的行为意向,虽然这种行为意向并不一定化转化为个体的行为,但对于形成直接的行为具有直接的作用。

研究的结果很好地证实了 ECM 理论在本研究中的使用价值。对于本研究而言,最大的价值在于将 ECM 理论拓展到了模拟现实服务的虚拟服务技术的应用,并因此开发了虚拟和现实一致性理论,这种理论的开发在一定程度上能够改变传统的技术采纳的认知,如传统的研究仅仅考虑技术本身的特征,而忽视个体以往形成的习惯、体验等的锚定性因素的影响。通过对模拟现实服务的虚拟服务技术的分析,比较了虚拟服务和现实服务本身在习惯、体验以及功能价值上可能存在的差异,本研究很大程度上证实了现实中形成的习惯、体验对一项虚拟服务技术存在重要的影响。

7.5 小结

基于第4章的研究假设，研究通过统计数据分层回归的方法进一步验证了相关的研究假设，总体而言，研究证实了ECM-IT理论本身在构建虚拟和现实一致性理论中的基础性价值。虽然个体本身的获得的虚拟和现实的一致性认知会影响个体对技术使用满意以及使用意向的认知，但这种认知可能会受到技术性特征的影响。具体而言，技术的娱乐性会影响体验价值一致性以及习惯一致性与用户满意以及继续使用意向的关系。而技术的有用性和易用性会影响体验价值一致性与满意以及继续使用意向的关系，相关的结果如表7.2所示。

表7.2 技术性特征对虚拟和现实一致性与满意度、继续使用意向关系的调节作用的验证结果汇总

假设序号	假设内容	验证情况
假设7	用户满意对个体的继续使用意向存在正向的影响。	验证
假设8a	易用性认知对习惯一致性认知和满意度的影响存在正向作用。	未验证
假设9a	有用性认知对习惯一致性认知和满意度的影响存在正向作用。	未验证
假设10a	娱乐性认知对习惯一致性认知和满意度的影响存在正向作用。	反向验证
假设11a	易用性认知对体验价值一致性认知和满意度的影响存在正向作用。	验证
假设12a	有用性认知对体验价值一致性认知和满意度的影响存在正向作用。	未验证
假设13a	娱乐性认知对体验价值一致性认知和满意度的影响存在正向作用。	反向验证
假设8b	易用性认知对习惯一致性认知和继续使用意向的影响存在正向作用。	未验证
假设9b	有用性认知对习惯一致性认知和继续使用意向的影响存在正向作用。	未验证
假设10b	娱乐性认知对习惯一致性认知和继续使用意向的影响存在正向作用。	反向验证
假设11b	易用性认知对体验价值一致性认知和继续使用意向的影响存在正向作用。	未验证
假设12b	有用性认知对体验价值一致性认知和继续使用意向的影响存在正向作用。	验证
假设13b	娱乐性认知对体验价值一致性认知和继续使用意向的影响存在正向作用。	反向验证

总体而言,如果一项模拟现实服务的虚拟服务技术娱乐性相对较高,那么这项技术很可能会替代现实服务技术本身的娱乐性特征,在这种情况下,模拟现实服务的虚拟服务技术可能会对现实的服务技术产生一种替代性的效果。但相比而言,如果模拟现实服务的虚拟服务技术在体验价值一致性、习惯一致性上具有较高的水平,那么技术本身的易用性和有用性特征将进一步推动技术使用者的满意程度及对相关技术的继续使用行为。这意味着在开发模拟现实服务的虚拟服务技术的过程中,提升虚拟服务技术本身的与现实服务的体验价值一致性以及保持个体接受服务的习惯,在很大程度上能够提升有用性技术被继续使用的可能。

8 结论与展望

本章将对本研究的总体进行总结,首先对本书的主要结论进行回顾和提炼,之后依据研究的结论归纳本研究的主要创新点。同时将说明本研究对于理论和实践的启示,在本书的最后将说明本研究的局限和不足,并对未来的研究进行展望。

8.1 主要结论

本研究从现实的技术发展趋势入手,深入分析了虚拟和现实一致性理论会如何影响个体对一项技术的继续使用意向。进一步的研究通过相关的统计分析方法验证了本研究提出的相关理论的正确性,同时数据分析还指出了虚拟和现实的一致性可能和现实的技术性特征存在替代和互补性特征。解释了技术性特征对虚拟和现实一致性与用户满意以及客户继续使用意向的关系的调节作用的作用机制。因此,未来的研究对于虚拟和现实的一致性研究将能推动模拟现实服务的虚拟服务技术本身在现实中的发展。总的来讲,本研究揭示了虚拟和现实一致性程度的改变会如何影响个体对相关技术的使用满意度的认知,同时对用户继续使用相关技术的意向也存在决定性的影响。具体来讲,本研究的主要结论包括以下几个方面:

(1)提升现实和虚拟的一致性推动模拟现实服务的虚拟服务技术被继续使用的可能性。

基于 ECM 和 ECM-IT 理论,传统的研究提出技术的持续使用的行为和技术本身的预期和实际使用结果的差异直接相关。因此假设,研究把这一理论假设进一步拓展到了模拟现实服务的虚拟服务技术的继续使用行为上,研究认为模拟现实服务的虚拟服务技术在采纳的过程中不仅仅体现为这种技术被采纳,同时由于这一技术是对现实技术的一种替代,技术本身的使用和采纳会和现实服务本身的体验、习惯形成对比，即个体会对预期的服务形成一定的锚定效应。而这种锚定效应来自服务本身而并不是技术本身。相比于传统的更加强调技术性因素的影响，研究认为技术性因素在模拟现实服务的虚拟服务技术中可能只是一种必要性因素，而非充分性条件。

因此，基于 ECM 及 ECM-IT 理论，研究发现虚拟和现实的一致性即虚拟服务和现实服务体验的一致性、习惯的一致性以及功能价值的一致性会对个体本身的技术使用的满意程度产生决定性的影响，同时这些一致性对个体技术的继续使用意向也会产生决定性的影响。在这样的背景下，传统的技术接受的理论尤其是在技术不断发展的背景下，模拟现实服务的虚拟服务技术的研究可能需要更多地思考服务性特征在嫁接到技术背景下后对相关技术被继续使用的影响。

(2)技术性特征作为技术继续使用意向的必要条件将不是模拟现实服务的虚拟服务技术的继续使用意向的决定性因素。

相比于传统的技术接受的研究更加强调技术性特征如技术的娱乐性、易用性和有用性对一项技术被最终采纳的影响。研究认为，在面对模拟现实服务的虚拟服务技术的时候，相关服务性技术应该体现两方面的特征，即技术性特征和服务性特征。对于技术性特征而言，和传统的技术采纳的研究所归纳的相对类似，但对于服务性特征来讲，这和传统的服务性特征存在一定的相似性，同时又存在一定的差别。这种差别来源于技术本身的虚拟化特征，同时源自个体接受相关服务过程中的服务锚定效果。

模拟现实服务的虚拟服务技术本身更加强调技术性特征和服务性特征的特性，研究认为对于模拟现实服务的虚拟服务技术而言，由于其存在众多的竞争性的技术，同时技术本身提供的服务业存在现实的替代方，因此在技术相对容易模仿和更新的背景下，技术性特征对个体技术采纳的影响可能会不断降低，而在竞争中对现实服务本身的价值来源的理解和再造将很大程度上决定相关技术本身是不是能够被消费者所接受。

(3)技术性特征在一定程度上能够弥补模拟现实服务的虚拟服务技术在现实服务技术在虚拟化过程中体验和习惯的一致性。

相比于单纯的服务，模拟现实服务的虚拟服务技术其本身更加是一种技术。这种技术具有信息技术的一些基本的特征，如技术的娱乐性、技术的易用性和技术的有用性。因此,相比于服务本身而言,用户能够感受和体验到更多的价值。然而,对于不同的用户而言,技术本身的娱乐性特征可能会对现实的体验和习惯形成产生替代,这在一定程度上源于基于技术的娱乐性源泉和现实的娱乐性源泉都产生于必要的体验过程,但其产生的源泉和方式却存在差别。如基于虚拟的服务技术的娱乐性价值可能来源于对技术本身的沉浸感,而基于现实服务的娱乐体验则更多地来源于人和人的互动、交流等。这种来源的差异以及产生过程的相似性使得个体在获得虚拟服务技术的体验可能替代现实服务所获得的体验。即由于产生的娱乐性特征是不同的,个体在虚拟服务本身的体验和习惯一致性上即使不能和现实保持高度一致,但这种独特的娱乐性能够为个体提供比现实更高的价值认知,从而也会对现实的服务体验和习惯产生一定的替代。

相比而言,由于传统的服务本身并不拥有有用性和易用性的特征,在相关虚拟服务形成的过程中,技术的易用性和有用性能为个体带来更多服务的流畅感,这种感觉将很大程度提升个体对相关技术本身的体验,并进而改进个体对相关技术的使用满意度和继续使用的意向。因此,技术性特征如易用性和有用性能够弥补现实服务可能存在的信息缺陷,从而提升个体本身的价值认知。

(4)在模拟现实服务的虚拟服务技术中,用户满意作为用户继续使用意向的重要前置的必要性。

相比于传统的技术接受理论的研究而言,研究认为模拟现实服务的虚拟服务技术本身既是一种技术,也是一种服务。由于其服务性特征的存在以及现实服务替代者的存在,个体对相关技术的继续使用意向会受到个体本身的锚定性行为的影响。即虚拟的服务技术提供的服务性内容和现实服务提供的内容价值上的对比。研究认为,这种对比会形成个体对相关技术本身的技术使用的满意度的改变。在锚定效应较强的情况下,只有当虚拟服务与现实服务具有高度一致的情况下,即体验价值一致性、习惯一致性以及功能价值一致性的情况下,个体才可能产生相关技术的继续使用意向。然而意向的形成是由个体本身动机和态度所影响的,因此,基于 ECM 理论,研究也认为这种一致性差异会导致用户的满意度的改变,而这一满意度的改变将最终决定用户对一项技术的继续使用意向。

8.2 主要创新点

本研究在现实和学术发展的前沿问题上进行探索，将理论创新和现实应用相结合，在研究工作中体现出了多学科的交叉的特点。与已有的研究相比，本书的可能的创新点主要表现在以下几个方面：

(1)把技术接受的研究拓展到模拟现实服务的虚拟服务技术的研究中。

研究首先把技术接受的研究拓展到模拟现实服务的虚拟服务技术中。相比于传统的信息技术而言，工具性的技术更加强调技术本身的特征，如技术的易用性、娱乐性以及技术的有用性。同时还可能涉及个体的相关特征。但对于模拟现实服务的虚拟服务技术而言，这种技术不仅仅强调其技术性特征，同时还要考虑服务性特征。因此，在研究相关技术被继续使用的过程中，服务性特征的刻画将很大程度上影响个体技术本身的继续使用意向。

(2)把 ECM-IT 理论应用于模拟现实服务的虚拟服务技术的研究中。

本研究不仅仅拓展了技术接受理论的应用背景，还根据模拟现实服务的虚拟服务技术的独特性，指出了对于模拟现实服务的虚拟服务技术而言，应该主要关注哪些方面的因素。因此，本研究把 ECM-IT 理论引入模拟现实服务的虚拟服务技术的继续使用意向的研究。本研究认为，对于模拟现实服务的虚拟服务技术的继续使用需要考虑的不仅仅是技术性特征，同时还需要考虑服务性特征，而服务性特征由于存在现实的替代者和竞争者，传统的服务本身所产生的锚定效应在很大程度上将同时决定个体继续使用行为的发生。因此，在解释相关技术被接受的过程中，研究基于 ECM-IT 理论提出了虚拟和现实一致性的构念。

(3)构建了虚拟和现实一致性构念。

研究基于模拟现实服务的虚拟服务技术本身的技术性特征和服务性特征的理解，认为模拟现实服务的虚拟服务技术不仅仅需要强调其技术性特征，同时还需要强调服务性特征。对于这一具有服务性属性的技术而言，理解所产生的价值对这种技术的接受具有积极价值。因此，本研究认为模拟现实服务的虚拟服务技术在服务价值特性上应该具有体验的价值和功能性相关的价值,同时相关服务形成的习惯属性也会影响个体对一项服务本身的继续使用。但由于相关服务存在现实的替代者,同时可能传统的服务多以基于现实的服务为主体,在虚拟服务接受的过程中,个体必然会依据传统服务本身的锚定结果对相关服务进行对比,因此,本研究提出个体对虚拟和现实的一致性的对比应该会产生三方面的一致性,即体验价值的一致性、习惯的一致性以及功能价值的一致性。这些一致性将直接决定个体对相关技术的采纳和使用的满意度的认知。

(4)针对不同的技术性特征理解虚拟和现实一致性对用户满意以及继续使用意向的作用机制。

相比于传统的技术接受的理论,本研究更加强调相关个体性特征对技术性特征的调节作用。相比于这类研究,本研究认为技术性特征是一种特殊的情境,而虚拟和现实的一致性是模拟现实服务的虚拟服务技术对个体使用相关技术满意度认知和技术使用意向的决定性因素。如本研究认为技术的娱乐性、易用性和有用性会对虚拟和现实的一致性认知与满意和继续使用意向产生决定性的影响。同时这种一致性差异认知可能和娱乐性特征、易用性以及有用性存在一定的互补和替代效应。而正是这种互补和替代性的存在将为未来发展模拟现实服务的虚拟服务技术提供很重要的现实实践和理论的支撑。

8.3 理论贡献与实践启示

依据以上的研究结论和主要创新点,本研究可能在技术接受领域做出以下的相关理论贡献以及为社会实践生产提供一定的启示。

8.3.1 理论贡献

8.3.1.1 对技术接受理论的贡献

本研究首先将技术采纳的应用研究拓展到了新的研究领域,即模拟现实服务的虚拟服务技术的研究。相比于传统的技术接受的理论研究而言,研究不仅仅强调相关技术的技术性特征,同时更加强调相关服务技术的服务性特征。这种服务性特征的加入即服务的体验价值一致性、习惯一致性以及功能价值的一致性是对传统的技术接受理论的重要补充。而传统的研究则更多地关注技术本身的特征。同时,研究把技术接受的研究引入模拟现实服务的虚拟服务技术的领域,针对现有的技术发展的趋势,提出了一个符合技术发展趋势的研究问题供大家一起探讨。

8.3.1.2 构建了虚拟和现实一致性理论用以解释技术的继续使用意向

基于ECM-IT理论研究提出了虚拟和现实一致性理论。在传统的研究背景下,由于主要专注于技术性特征,因此很大程度上忽略了技术所支持的服务。在把相关技术的服务性特征引入研究之后,本研究对服务本身的特性加以分析。同时对于一项虚拟服务技术而言,个体在采纳相关技术的过程中,不仅仅是技术所提供的服务本身可能会对个体的技术采纳产生影响,个体在使用一些服务的过程中,还可能对现实的服务进行对比。由于现实的服务可能对个体本身的体验、习惯和功能价值产生一定的锚定效应,因此,对服务技术本身的采纳很可能会来自于实际的技术性服务的体验结果和现实服务技术相关认知的对比。在这样的背景下,基于ECM-IT理论研究认为虚拟和现实的一致性即体验的一致性、习惯的一致性以及功能价值的一致性对个体采纳相关技术具有决定性的价值。

8.3.1.3 通过对技术性特征本身调节作用的分析界定了相关理论的边界

所谓理论的边界主要是指相关理论在什么样的情况下可能失效或者相关理论在什么样的情况下的作用能够得到增强或者作用机制会产生改变。本研究发现技术的娱乐性对习惯的一致性和体验的一致性与满意度和继续使用意向的形成存在负向的调节作用。即技术的娱乐性能够降低习惯的一致性和体验价值的一致性对满意度和继续使用意向的影响。而同时技术的有用性能够提升体验价值一致性对技术的继续使用意向的影响,而技术的易用性能够提升体验价值一致性对技术的使用满意度的影响。这些理论边界的确定,对于我们理解相关理论即虚拟和现实的一致性理论在什么样的情况下可能产生影响具有重要价值。同时推动和理解模拟现实服务的虚拟服务技术本身的开发具有重要的理论价值。

8.3.2 实践启示

相关的理论对于现实的企业的发展尤其是提供模拟现实服务的虚拟服务技术的企业的发展具有重要的价值。在传统的信息技术主要强调技术性特征的情况下,本研究创新性地提出服务性特征对于模拟现实服务的虚拟服务的相关技术被接受具有重要价值。这一理论和构念的提出将有助于我们理解为什么在技术性因素之外,竞争的环境下某些提供模拟现实服务的虚拟服务的企业能够得到更快的发展，而其他的企业如技术上虽然能够得到更好的体验，但仍然会不断地被替代。本研究认为，这种现象应该综合考虑现实服务和虚拟服务本身的服务性特征以及服务本身体验价值、习惯以及功能价值的一致性。因此对于企业而言，本研究更加强调在达到一定的技术性标准的情况下，实现对现实服务的体验性复制和习惯复制将具有很好的价值。

同时，基于研究本身的发现，虚拟和现实的一致性所产生的娱乐性体验和习惯性体验可能来源于不同的形式。这意味着对于虚拟服务技术的企业而言，在模仿现实娱乐的体验的过程中，考虑如何放大虚拟化背景下的娱乐特征，同时降低现实娱乐性特征的影响可能对于模拟现实服务的虚拟服务技术的发展具有积极的影响。

8.4 研究局限和未来展望

8.4.1 局限性

虽然本研究在理论上和实践上具有一定的价值，但本研究在以下各方面仍然存在不足和提升的空间。

首先，本书的局限主要表现在调研样本的单一性上，如研究主要采用网络发放问卷的方式来进行调研，这种调研方法虽然能够提升问卷发放过程中对于使用信息技术的可能性，同时，相关调研方法也能够提升样本的分布的广度、地理区域的覆盖面，等等，但样本的单一性可能会影响个体的理论代表性。如在相关样本中会以年轻群体居多。

其次，在相关构念的测度上，本研究主要依据现有的研究对于相关构念本身的概念以及现有的研究的理论测度来进行修正和概括，虽然在理论上这一方法具有一定的可行性，但在实际操作的过程中可能由于来源过于单一使得相关构念的描述显得过于单一，尤其是当一个构念可能存在多种表现形式的时候，这种表现形式的单一化可能会影响相关构念的理论效度和内容效度。在这上面的缺失可能导致在研究中估计结果上的偏差，在未来的研究中有必要进一步完善相关指标的测度。

最后，本研究在自变量和因变量的获取上，主要采用了主观刻画的方式对相关构念进行打分，虽然受限于本研究的研究问题，但这种方式在一定程度上会影响研究结果的可靠性，一方面就是多重共线性，另一方面则是共同方法偏差的问题。虽然通过验证性因子分析和调节效应的结果说明共同方法偏差的影响可能没想象中的那么大，但这种影响确实存在。在未来的研究中，有必要考虑通过多种渠道共同获得数据的方法来解决共同方法偏差的问题，以提升研究结果的精确度。

8.4.2 未来展望

除了以上的限制外，本研究在未来的研究中，还可以从以下的各个方面进行一定的拓展：

第一，在量表的测度方式上，现有的研究主要采用了 7 分制的量表进行打分的方式来进行分析，而这种方法很大程度上由于主观性的缘故可能产生共同方法偏差的问题。为解决这一问题，研究可能采取以下的方法解决：首先是采用时序数据的方法，通过统一变量相同个体在不同时间段的数据的收集，利用变量在不同时间段的差值来进行回归分析将有助于共同方法偏差问题的解决；其次，可以通过同一量表不同打分方式的方法来进行分析，如对于满意可能采用 7 分制，而对于易用性、有用性采用 5 分制来进行刻画，这在一定程度上也能降低共同方法偏差问题的影响；最后，可以用客观数据来替代某些因变量或者自变量，如利用个体使用同一时间段内相关技术的次数来替代相关技术的继续使用意向强度等。

第二，进一步通过大样本调查的方法实证技术性特征下现实和虚拟一致性与技术的使用满意程度和技术的继续使用意向。由于本研究的限制，研究主要考察了使用网络的群体本身现实和虚拟一致性认知对技术的使用满意程度和技术的继续使用意向会如何受到技术性相关特征的影响。基于现有的研究，这一理论有必要进一步拓展其应用群体，如扩大年龄的跨度等。在下面的研究中有必要将这一理论框架进一步通过大样本统计分析的方法进行验证，以得到更加有效的外部支持。

第三，有必要进一步研究技术性特征是如何对现实和虚拟一致性与技术的使用满意程度和技术的继续使用意向的关系产生影响的。现有的研究主要研究相关这一变量之间的直接调节作用，并且提出了技术的娱乐性特征和现实的娱乐性特征由于在形成源泉上存在不同的假设，用于解释技术的娱乐性特征对体验和习惯一致性负向影响技术的使用满意程度和技术的继续使用意向。因此，本研究认为这种理论机制的解释值得进一步深化研究，尤其是在什么情况下技术性特征会对服务性特征产生互补性效应，什么情况下技术性特征会对服务性特征产生替代性效应将对未来的实践和理论具有非常重要的价值。而理解内在机制的形成也将有利于模拟现实服务的虚拟服务技术的推广。

参考文献

[1] Adams A, Nelson R R, Todd P A. Perceived Usefulness, Ease of Use, and Usage of Information Technology: A Replication[J]. MIS Quarterly,1992,16(2):227—247.

[2] Ajzen I, Fishbein M. Attitudes and the Attitude Behavior Relation: Reasoned and Automatic Processes[J]. European Review of Social Psychology,2000,11(1):1—33.

[3] Ajzen I, Fishbein M. Understanding Attitudes and Predicting Social Behavior. Inc-Englewood CliffS[M]. NJ: Prentice-Hall,1980.

[4] Ajzen I. Perceived Behavioral Control, Self-Efficacy, Locus of Control and the Theory of Planned Behavior[J]. Journal of Applied Social Psychology,2002, 32(4):665—683.

[5] Ajzen I. the Theory of Planned Behavior[J]. Organizational Behavior and Human Decision Processes,1991,50(2):179—211.

[6] Anderson J C, Gerbing D W. Structural Equation Modeling in Practice: A Review and Recommended Two-Step Approach[J]. Psychological Bulletin, 1988,103(3):411—423.

[7] Anderson R E. Consumer Dissatisfaction: The Effect of Disconfirmed Expectancy on Perceived Product Performance[J]. Journal of Marketing Research,1973,10(1):38—44.

[8] Arvey R D, Bouchard T J, Segal N L, et al. Job Satisfaction: Environmental and Genetic Components[J]. Journal of Applied Psychology, 1989, 74(2):187—192.

[9] Barger P B, Grandey A A. Service with a Smile and Encounter Satisfaction: Emotional Contagion and Appraisal Mechanisms[J]. Acade-

my of Management,2006,49(6):1229—1238.

[10] Bentein K, Vandenberghe C, Vandenberg R, et al. The Role of Change in the Relationship Between Commitment and Turnover: A Latent Growth Modeling Approach[J]. Journal of Applied Psychology, 2005, 90(3):468—482.

[11] Berlyne D E. Curiosity and Exploration[J]. Science,1966,153(2):25—33.

[12] Bhattacherjee A, Premkumar G. Understanding Changes in Belief and Attitude Toward Information Technology Usage: A Theoretical Model and Longitudinal Test[J]. MIS Quarterly, 2004, 28(2):229—254.

[13] Bhattacherjee A. An Empirical Analysis of the Antecedents of Electronic Commerce Service Continuance[J]. Decision Support Systems,2001a, 32(2):201—214.

[14] Bhattacherjee A. Understanding Information Systems Continuance: An Expectation-Confirmation Model[J]. MIS Quarterly,2001b,25(3):351—370.

[15] Boswell W R, Boudreau J W, Tichy J. The Relationship Between Employee Job Change and Job Satisfaction: The Honeymoon-Hangover Effect[J]. Journal of Applied Psychology,2005,90(5):882—892.

[16] Boswell W R, Shipp A J, Payne S C, et al. Changes in Newcomer Job Satisfaction over Time: Examining the Pattern of Honeymoons and Hangovers[J]. Journal of Applied Psychology,2009,94(4):844—858.

[17] Bourdeau L, Chebat J C, Couturier C. Internet Consumer Value of University Students: E-Mail Vs. Web Users[J]. Journal of Retailing and Consumer Services, 2002, 9(2):61—69.

[18] Calder B J, Staw B M. Self-Perception of Intrinsic and Extrinsic Motivation[J]. Journal of Personality and Social Psychology,1975, 31(2):599—603.

[19] Carbone L P, Haeckel S H. Engineering Customer Experience[J]. Marketing Management,1994,3(3):8—19.

[20] Cardozo R N. An Experimental Study of Customer Effort, Expectation, and Satisfaction[J]. Journal of Marketing Research, 1965, 2(3):244—249.

[21] Charms R. Personel Cnusnfion: The Internal Affective Deterinimants of Behavior[M]. New York: Academic Press, 1968.

[22] Chen G, Ployhart R E, Thomas H C, et al. The Power of Momentum: A New Model of Dynamic Relationships Between Job Satisfaction Change and Turnover Intentions[J]. Academy of Management Journal, 2011, 54(1):159—181.

[23] Chen L D, Gillenson M L, Sherrell D L. Enticing Online Consumers: An Extended Technology Acceptance Perspective[J]. Information & Management, 2002, 39(8):705—719.

[24] Chen Z, Dubinsky A J. A Conceptual Model of Perceived Customer Value in E-Commerce: A Preliminary Investigation[J]. Psychology and Marketing, 2003, 20(4):323—347.

[25] Chiu C M, Hsu M H, Sun S Y, et al. Usability, Quality, Value and E-Learning Continuance Decisions[J]. Computers and Education, 2005, 45(4):399—416.

[26] Churchill G. A Paradigm for Developing Better Measures of Marketing Constructs[J]. Journal of Marketing Research, 1979, 16(1):64—73.

[27] Churchill G A, Surprenant C. An Investigation into the Determinants of Customer Satisfaction[J]. Journal of Marketing Research, 1982, 19(4): 491—504.

[28] Cohen J, Cohen P, West S G, et al. Applied Multiple Regression/Correlation Analysis for the Behavioral Science[M]. Third Edition. New Jersey London: Mahwah, 2003.

[29] Compeau D, Higgins C A, Huff S. Social Cognitive Theory and Individual Reactions to Computing Technology: A Longitudinal Study [J]. Management Information Systems Quarterly, 1999, 23(2):145—158.

[30] Compeau D R, Higgins C A. Application of Social Cognitive Theory

to Training for Computer Skills[J]. Information Systems Research, 1995a,6(2): 118—143.

[31] Compeau D R, Higgins C A. Computer Self-Efficacy: Development of A Measure and Initial Test[J]. MIS Quarterly,1995b,19(2):189 — 211.

[32] Crosby F. A Model of Egoistical Relative Deprivation[J]. Psychological Review,1976,83(2):85—113.

[33] Dabholkar P A, Shepherd C D, Thorpe D I. A Comprehensive Framework for Service Quality: An Investigation of Critical Conceptual and Measurement Issues Through a Longitudinal Study[J]. Journal of Retailing,2000, 76(2):139—173.

[34] Danaher P J, Haddrell V. A Comparison of Question Scales Used for Measuring Customer Satisfaction[J]. International Journal of Service Industry Management,1996,7(4):4—26.

[35] Danaher P J, Haddrell V. A Comparison of Question Scales Used for Measuring Customer Satisfaction[J]. International Journal of Service Industry Management,1996,7(4):4—26.

[36] Davis F D, Venkatesh V. A Critical Assessment of Potential Measurement Biases in the Technology Acceptance model: Three Experiments[J]. International Journal of Human-Computer Studies,1996, 45(1):19—45.

[37] Davis F D, Bagozzi R P, Warshaw P R. Extrinsic and Intrinsic Motivation to Use Computers in the Work Place[J]. Journal of Applied Social Psychology, 1992,22(14):1111—1132.

[38] Davis F D, Bagozzi R P, Warshaw P R. User Acceptance of Computer Technology: A Comparison of Two Theoretical Models[J]. Management Science,1989,35(8):982—1003.

[39] Davis F D. Pereeived Usefulness, Perceived Ease of Use, and User Acceptance of Information Technology[J]. MIS Quarterly,1989,13 (3):319—340.

[40] Davis J A. A Formal Interpretation of the Theory of Relative Depri-

vation[J]. Sociometry,1959,22(4):280—296.

[41] De Ruyter K, Bloemer J, Peeters P. Merging Service Quality and Service Satisfaction: An Empirical Test of an Integrative Model[J]. Journal of Economic Psychology,1997,18(4):387—406.

[42] Deci E L. Effects of Externally Mediated Rewards on Intrinsic Motivation[J]. Journal of Personality and Social Psychology,1971,18(1):105—115.

[43] Deci E L. Intrinsic Motivation, Extrinsic Reinforcement, and Inequity[J]. Journal of Personality and Social Psychology,1972,22(1):113—120.

[44] Detert J R, Edmondson A C. Implicit Voice Theories: Taken-For-Granted Rules of Self-Censorship at Work[J]. Academy of Management Journal,2011, 54(3):461—488.

[45] Dishaw M T, Strong D M. Extending the Technology Acceptance Model with Task — Technology Fit Constructs[J]. Information & Management,1999, 36(1):9—21.

[46] Doll W J, Torkzadeh G. The Measurement of End-User Computing Satisfaction[J]. MIS Quarterly,1988,12(2):259—274.

[47] Doong H S, Lai H. Exploring Usage Continuance of E-Negotiation Systems: Expectation and Disconfirmation Approach[J]. Group Decision and Negotiation,2008,17(2):111—126.

[48] Driscoll J W. Trust and Participation in Organizational Decision Making as Predictors of Satisfaction[J]. The Academy of Management Journal,1978, 21(1):44—56.

[49] Dunn S C, Seaker R F, Waller M A. Latent Variable in Business Logistics Research: Scale Development and Validation[J]. Journal of Business Logistics, 1994,15(2):145—172.

[50] Eighmey J. Profiling User Responses to Commercial Web Sites[J]. Journal of Advertising Research,1997,37(3):59—66.

[51] Eriksson K, Nilsson D. Determinants of the Continued Use of Self-Service Technology: The Case of Internet Banking[J]. Technova-

tion,2007,27(4), 159—167.

[52] Fazio R. Multiple Processes by Which Attitudes Guide Behavior: The Mode Model as an Integrative Framework[J]. Advances in Experimental Social Psychology,1990,23(2):75—109.

[53] Festinger L. A Theory of Social Comparison Processes[J]. Human Relations, 1954, 7(2):117—140.

[54] Fishbein M, Ajzen I. A Bayesian Analysis of Attribution Processes [J]. Psy-Chological Bulletin,1975,82(2):261—277.

[55] Fowler F J. Survey Research Methods[M]. Newbury Park, CA: Sage,1988.

[56] Füller J, Matzler K. Virtual Product Experience and Customer Participation—A Chance for Customer-Centred, Really New Products [J]. Technovation,2007, 27(6—7):378—387.

[57] Gerbing D W, Anderson J C. An Updated Paradigm for Scale Development Incorpoeration Unidimensionatlity and Its Assessment[J]. Journal of Marketing Research,1988, 25(2):186—192.

[58] Goel L, Johnson N, Junglas I, et al. Predicting Users' Return to Virtual Worlds: A Social Perspective[J]. Information Systems Journal,2013,23(1): 35—63.

[59] Goel L, Johnson N A, Junglas I, et al. From Space to Place: Predicting Users' Intentions to Return to Virtual Worlds[J]. MIS Quarterly,2011, 35(3):749—772.

[60] Greenberg J, Folger R. Procedural Justice, Participation and Fair Process Effect in Groups and Organizations[J]. Paulus Basic Group Processes. 1983,31(2):235—256.

[61] Gupta B, Dasgupta S. Adoption of ICT in a Government Organization in a Developing Country: An Empirical study[J]. The Journal of Strategic Information Systems,2008,17(2):140—154.

[62] Hackbarth G, Grover V, Yi M Y. Computer Playfulness and Anxiety:Positive and Negative Mediators of the System Experience Effect on Perceived Ease of Use[J]. Information & Management,2003,40

(3):221—232.

[63] Han J, Han D. A Framework for Analyzing Customer Value of Internet Business[J]. Journal of Information Technology Theory and Application, 2001, 3(5):25—38.

[64] Hayashi A, Chen C, Ryan T, et al. The Role of Social Presence and Moderating Role of Computer Self Efficacy in Predicting the Continuance, Usage of E-Learning Systems[J]. Journal of Information Systems Education, 2004,15(2):139—154.

[65] Heckhausen J, Schulz R. Functional Trade-Offs in Primary and Second Modes of Control Across the Life Course: Conceptral Issues and Overview. The Eleven Biennial Meeting of the International Society for the Study of Behavior Development Minneapolis[M]. Minneapolis: The Liberal Arts Press,1991.

[66] Heckhausen J. Developmental Regulation in Adulthood[M]. Cambridge: Cambridge university press, 1999.

[67] Hekman D R, Aquino K, Owens B P, et al. An examination of Whether and How Racial and Gender Biases Influence Customer Satisfaction[J]. Academy of Management Journal,2010, 53(2):238-264.

[68] Hendrickson A R, Massey P D, Cronan T P. On the Test-Retest Reliability of Perceived Usefulness and Perceived Ease of Use Scales [J]. MIS Quarterly, 1993,17(2):227—230.

[69] Herzberg F I. Work and the Nature of Man[M]. Cleveland, OH: World,1969.

[70] Hobfoll S E. Conservation of Resources: A New Attempt at Conceptualizing Stress[J]. American Psychologist,1989, 44(3):513—524.

[71] House R J, Shane S A and Herold D M. Rumors of the Death of Dispositional Research Are Vastly Exaggerated[J]. Cademy of Management Review,1996, 21(2):203-224.

[72] Hsee C K, Abelson R P. Velocity Relation: Satisfaction as a Function of the First Derivative of Outcome over Time[J]. Journal of

Personality and Social Psychology, 1991, 60(2): 341-347.

[73] Hsu M H, Chiu C M, Ju T L. Determinants of Continued Use of the WWW: An Integration of Two Theoretical Models[J]. Industrial Management & Data Systems, 2004, 104(9): 766—775.

[74] Hulin C. Adaptation, Persistence, and Commitment in Organizations [M]. Palo Alto, CA: Consulting Psychologists Press, 1991.

[75] Hulin C L. The Effects of Changes in Job Satisfaction Levels on Turnover[J]. Journal of Applied Psychology, 1968, 52(2): 394-398.

[76] Hung M C, Hwang H G, Hsieh T C. An Exploratory Study on the Continuance of Mobile Commerce: An Extended Expectation-Confirmation Model of Information System Use[J]. International Journal of Mobile Communications, 2007, 5(4): 409—422.

[77] Ifinedo P. Acceptance and Continuance Intention of Web-Based Learning Technologies (WLT) Use Among University Students in a Baltic Country[J]. EJISDC, 2006, 23(6): 1—20.

[78] Igbaria M, Parasuraman S, Baroudi J J. A Motivational Model of Microcomputer Usage[J]. Journal of Management Information Systems, 1996, 13(1): 127—143.

[79] Iverson R D, Maguire C. The Relationship Between Job and Life Satisfaction: Evidence from a Remote Mining Community [J]. Human Relations, 2000, 53(6): 807-839.

[80] Jasso G. A New Theory of Distributive Justice[J]. American Sociological Review, 1980, 45(1): 3—32.

[81] Judge T A, Heller D, Mount M K. Five-Factor Model of Personality and Job Satisfaction: A Meta-Analysis. Journal of Applied Psychology[J], 2002, 37(3): 530-541.

[82] Kahneman D, Tversky A. Prospect Theory: An Analysis of Decision under Risk[J]. Econometrica, 1979, 47(2): 263—291.

[83] Kahneman D, Tversky A. Choices, Values, and Frames[J]. American Psychologist, 1984, 39(2): 341-350.

[84] Kahneman D. Objective Happiness. [M]. New York: Russell Sage

Foundation, 1999.

[85] Kammeyer-Mueller J D, Wanberg C R, Glomb T M, et al. Turnover Processes in a Temporal Context: It's About Time[J]. Journal of Applied Psychology,2005,90(2):644-658.

[86] Kantamneni S P, Coulson K R. Measuring Perceived Value: Scale Development and Research Findings From a Consumer Survey[J]. Journal of Marketing Management,1996,6(2):72—83.

[87] Karahanna E, Straub D W, Chervany N L. Information Technology Adoption Across Time: A Cross-Sectional Comparison of Pre-Adoption and Post-Adoption Beliefs[J]. MIS Quarterly,1999,23(2):183—213.

[88] Karatepe O M. Perceived Organizational Support, Career Satisfaction, and Performance Outcomes: A study of Hotel Employees in Cameroon[J]. International Journal of Contemporary Hospitality Management,2012,24(5): 735—752.

[89] Kaufman D. Canon Spot Blows Apart Technology Frustrations[J]. SHOOT, 1998,39(19):16.

[90] Keeney R L. The Value of Internet Commerce to the Customer[J]. Management Science,1999,45(4):533—542.

[91] Kim S S, Malhotra N K. A Longitudinal Model of Continued IS Use: An Integrative View of Four Mechanisms Underlying Postadoption Phenomena[J]. Management Science,2005,51(5):741—755.

[92] Kohler T, Matzler K, Füller J. Avatar-Based Innovation: Using Virtual Worlds for Real-World Innovation[J]. Technovation,2009, 29(6—7):395—407.

[93] Koles B, Nagy P. Virtual Customers Behind Avatars: The Relationship Between Virtual Identity and Virtual Consumption in Second Life[J]. Journal of Theoretical and Applied Electronic Commerce Research,2012,7(2):87—105.

[94] Korsgard M A, Roberson L. Procedural Justice in Performance Evaluation: The Role of Instrumental and Non-Instrumental Voice in

Performance Appraisal Discussions[J]. Journal of Management, 1995,21(4): 657-669.

[95] Lasso G. A New Theory of Distributive Justice[J]. American Sociological Review,1980,45(2):3-32.

[96] Lawler E E, Porter L W. Antecedent Attitudes of Effective Managerial Performance[J]. Organizational Behavior and Human Performance,1967,2(2): 122-142.

[97] Lee Y, Kozar K A, Larsen K R T. The Technology Acceptance Model:Past, Present and Future[J]. Communications of the Association for Information Systems,2003,12(50):752-780.

[98] Legris P, Ingham J, Collerette P. Why Do People Use Information Technology? A Critical Review of the Technology Acceptance Model [J]. Information & Management,2003,40(3):191-204.

[99] Li N, Liang J, Grant J M. The Role of Proactive Personality in Job Satisfaction and Organizational Citizenship Behavior: A Relational Perspective[J]. Journal of Applied Psychology, 2010, 95(2): 395-404.

[100] Limayem M, Hirt S G, Cheung C M K. How Habit Limits the Predictive Power of Intention: The Case of Information Systems Continuance[J]. MIS Quarterly,2007,31(4):705-737.

[101] Lin C S, Wu S, Tsai R J. Integrating Perceived Layfulness into Expectation-Confirmation Model for Web Portal Context [J]. Information & Management,2005, 42(5):683-693.

[102] Lindsley D H, Brass D J, Thomas J B. Efficacy-Performance Spirals: A Multilevel Perspective[J]. Academy of Management Review,1995,20(2): 645-678.

[103] Lofman B. Elements of Experiential Consumption: A Exploratory Study[J]. Advances in Consumer Research, 1991,18(1):729-735.

[104] Louis R B, Jeffrey A L, Eean R C. Job Engagement: Antecedents and Effects on Job Performance[J]. Academy of Management Journal,2010, 53(3):617-635.

[105] Mäntymäki M, Riemer K. Digital Natives in Social Virtual Worlds: A Multi-Method Study of Gratifications and Social Influences in Habbo Hotel[J]. International Journal of Information Management: The Journal for Information Professionals, 2014, 34(2): 210—220.

[106] Mathieson K. Predicting User Intentions: Comparing the Technology Acceptance Model with the Theory of Planned Behavior[J]. Information Systems Research, 1991, 2(3): 173—191.

[107] Mathwick C, Malhotra N, Rigdon E. Experiential Value: Conceptualization, Measurement and Application in the Catalog and Internet Shopping Environment[J]. Journal of Retailing, 2001, 77(1): 39—56.

[108] Mayer B W, Dale K. The Impact of Group Cognitive Complexity on Group Satisfaction: A Person-Environment Fit Perspective[M]. Institute of Behavioral and Applied Management: Working paper, 2010.

[109] McDougall G H G, Levesque T. Customer Satisfaction with Services: Putting Perceived Value into the Equation[J]. Journal of Services Marketing, 2000, 14(5): 392—410.

[110] Mcfarlin D B, Sweeney P D. Distributive and Procedural Justice as Predictors of Satisfaction with Personal and Organizational Outcomes[J]. Academy of management journal, 1992, 35(3): 626—637.

[111] McKinney V, Yoon K. The Measurement of Web-Customer Satisfaction: An Expectation and Disconfirmation Approach[J]. Information Systems Research, 2002, 13(3): 296—315.

[112] Miller K I, Monge P R. Participation, Satisfaction, and Productivity: A Meta-Analytic Review[J]. The Academy of Management Journal, 1986, 29(4): 727—753.

[113] Mitchell T R, Biglan A. Instrumentality Theories: Current Uses in Psychology[J]. Psychological Bulletin, 1971, 76(6): 432—454.

[114] Mobley W H. Employee Turnover: Causes, Consequences, and

Control[M]. Reading, MA: Addison-Wesley,1982.

[115] Moon J W, Kim Y G. Extending the TAM for a World-Wide-Web Context[J]. Information & Management,2001,38(4):217—230.

[116] Moore G C, Benbasat I. Development of an Instrument to Measure the Perceptions of Adopting an Information Technology Innovation [J]. Information Systems Research,1991,2(3):192—222.

[117] Morris M G, Venkatesh V. Job Characteristics and Job Satisfaction: Understanding the Role of Enterprise Resource[J]. MIS Quarterly,2010,34(1): 143—161.

[118] Mossholder K W, Bennett N, Kemery E R, et al. Relationships Between Bases of Power and Work Reactions: The Mediational Role of Procedural Justice[J]. Journal of Management,1998,24(4):533—552.

[119] Oliver R L. A Cognitive Model of the Antecedents and Consequences of Satisfaction Decisions [J]. Journal of Marketing Research,1980,17(4):460—469.

[120] Oliver R L. Cognitive, Affective, and Attribute Bases of the Satisfaction Response[J]. The Journal of Consumer Research,1993,20(3):418—430.

[121] Oliver R L. Whence Consumer Loyalty? [J]. Journal of Marketing, 1999, 63(2):33—44.

[122] Olshavsky R W, Miller J A. Consumer Expectations, Product Performance, and Perceived Product Quality[J]. Journal of Marketing Research,1972,9(1): 19—21.

[123] Ouellette J A, Wood W. Habit and Intention in Everyday Life: The Multiple Processes by Which Past Behavior Predicts Future Behavior[J]. Psychological Bulletin,1998,124(1):54—74.

[124] Parasuraman A, Grewal D. The Impact of Technology on the Quality-Value-Loyalty Chain: A Research Agenda[J]. Journal of the Academy of Marketing Science,2000,28(1):168—174.

[125] Parasuraman A. Reflections on Gaining Competitive Advantage

Through Customer Value[J]. Journal of the Academy of Marketing Science,1997,25(2): 154－161.

[126] Patterson P G, Spreng R A. Modeling the Relationship Between Perceived Value, Satisfaction and Repurchase Intentions in a Business-to-Business, Services Context: An Empirical Examination[J]. International Journal of Service Industry Management,1997,8(5):414－434.

[127] Patterson P G, Johnson L W, Spreng R A. Modeling the Determinants of Customer Satisfaction for Business-to-Business Professional Services[J]. Journal of the Academy of Marketing Science,1996, 25(1):4－17.

[128] Peter J P, Churchill G A, Brown T J. Caution in the Use of Difference Scores in Consumer Research[J]. The Journal of Consumer Research,1993, 19(4):655－662.

[129] Pinder C C. Additivity Versus Non-Additivity of Intrinsic and Extrinsic Incentives: Implications for Work Motivation, Performance, and Attitudes[J]. Journal of Applied Psychology,1976,61(6):693－700.

[130] Podsakoff P M, Mackenzie S B, Lee J Y, et al. Common Method Biases in Behavioral Research: A Critical Review of the Literature and Recommended Remedies[J]. Journal of Applied Psychology, 2003,88(5): 879－903.

[131] Porac J F, Meindl J. Undermining over Justification: Inducing Intrinsic and Extrinsic Task Representations[J]. Organizational Behavior and Human Performance,1982,29(2):208－226.

[132] Premkumar G, Bhattacherjee A. Explaining Information Technology Usage: A Test of Competing Models[J]. Omega,2006,36(1): 64－75.

[133] Pritchard R D, Campbell K M, Campbell D J. Effects of Extrinsic Financial Rewards on Intrinsic Motivation[J]. Journal of Applied Psychology,1976, 62(1):9－15.

[134] Roca J C, Chiu C M, Martínez F J. Understanding E-Learning Continuance Intention: An Extension of the Technology Acceptance Model[J]. International Journal of Human-Computer Studies, 2006,64(8):683—696.

[135] Rogers E M. Diffusion of Innovations[M]. Third Edition. New York: The Free Press, 1983.

[136] Rogers E M. Diffusion of Innovations[M]. Fourth Edition. New York: The Free Press, 1995.

[137] Ronis D L, Yates J F, Kirscht J P. Attitudes, Decisions, and Habits as Determinants of Repeated Behavior, in Attitude Structure and Function[M]. NJ: Erlbaum,1989.

[138] Runciman W G. Relative Deprivation and Social Justice: A Study of Attitudes to Social Inequality in Twentieth Century England[M]. Berkeley: University of California Press,1966.

[139] Saunders C, Rutkowski A F, Genuchten M V, Vogel D, Orrego J M. Virtual Space and Place: Theory and Test[J]. MIS Quarterly, 2011,35(3): 1079—1098.

[140] Schulz R and Heckhausen J. A Life Span Model of Successful Aging [J]. American Psychologist,1996,51(7):702—714.

[141] Scott W E, Farh J, Podaskoff P M. The Effects of "Intrinsic" and "Extrinsic" Reinforcement Contingencies on Task Behavior[J]. Organizational Behavior and Human Decision Processes, 1988, 41 (3):405—425.

[142] Sen A. Inequality Reexamined[M]. Oxford: Oxford University Press,1992.

[143] Sheth J N, Newman B I, Gross B L. Why We Buy What We Buy: A Theory of Consumption Values[J]. Journal of Business Research,1991, 22(2):159—170.

[144] Spreng R A, Mackenzie S B, Olshavsky R W. A Reexamination of the Determinants of Consumer Satisfaction[J]. Journal of Marketing,1996,60(3): 15—32.

[145] Staw B M, Ross J. Stability in the Midst of Change: A Dispositional Approach to Job Attitudes[J]. Journal of Applied Psychology, 1985, 70(2):469—480.

[146] Staw B M, Bell N E, Clausen J A. The Dispositional Approach to Job Attitudes: A Lifetime Longitudinal Test[J]. Administrative Science Quarterly, 1986,31(2): 56—77.

[147] Steiger J H. Structural Model Evaluation and Modification: An Interval Estimation Approach [J]. Multivariate Behavioral Research,1990, 25(2):173—180.

[148] Stouffer S A, Suchman E A, DeVinney L C, et al. The American Soldier: Adjustment During Army Life[M]. Princeton, NJ: Princeton University Press,1949.

[149] Straub D W, Burton-Jones A Veni vidi vici. Breaking the TAM Logjam[J]. Joumal of the Association for Information Systems, 2007,8(4):224—229.

[150] Susarla A, Barua A, Whinston A B. Understanding the Service Component of Application Service Provision: An Empirical Analysis of Satisfaction with ASP Services[J]. MIS Quarterly,2003,27(1):91—123.

[151] Swan J E, Trawick I F. Disconfirmation of Expectations and Satisfaction with a Retail Service[J]. Journal of Retailing,1981,57(3): 49—67.

[152] Szajna B. Empirical Evaluation of the Revised Technology Acceptance Model[J]. Management Science,1996,42(1):85—92.

[153] Taylor S, Todd R A. Understanding Information Technology Usage: A Test of Competing Models[J]. Information Systems Research,1995,6(2): 144—176.

[154] Teo T S H, Lim V K G, Lai R Y C. Intrinsic and Extrinsic Motivation in Internet usage[J]. Omega,1999,27(1):25—37.

[155] Thompson C J, Locander W B, Pollio H R. Putting Consumer Experience back into Consumer Research: The Philosophy and

Method of Existential-Phenomenology[J]. Journal of Consumer Research,1989,16(2): 133—146.

[156] Thong J Y L, Hong S J, Tam K Y. The Effects of Post-Adoption Beliefs on the Expectation-Confirmation Model for Information Technology Continuance[J]. International Journal of Human-Computer Studies,2006, 64(9):799 810.

[157] Toffler A. Future Shock[M]. Toronto: Bantam Books,1971.

[158] Tornatzky L G, Klein K J. Innovation Characteristics and Innovation Adoption-Implementation: A Meta-Analysis of Findings[J]. IEEE Transaction Engineering Management,1982,29(1):28—45.

[159] Tse D K, Wilton P C. Models of Consumer Satisfaction Formation: An Extension[J]. Journal of Marketing Research,1988,25(2):204—212.

[160] Vander H. Hedonic Information Systems[J]. MIS Quarterly,2004, 28(4): 69—704.

[161] Venkatesh V, Davis F D. A Theoretical Extension of the Technology Acceptance Model: Four longitudinal field studies[J]. Management Science, 2000,46(2):186—204.

[162] Venkatesh V, Davis F D. A Theoretical Extension of the Technology Acceptane Model: Four Longitudinal Fields Studies[J]. Management Science, 2000,46(2):186—204.

[163] Venkatesh V, Morris M G. Why Don't Men Ever Stop to Ask for Directions? Gender, Social Influence, and Their Role in Technology Acceptance and Usage Behavior[J]. MIS Quarterly, 2000, 24(1):115—139.

[164] Venkatesh V, Brown A, MaruPing L M, et al. Predicting Different Conceptualizations of System Use: The Competing Roles of Behavioral Intention, Facilitating Conditions, and Behavioral Expectation [J]. MIS Quarterly,2008,32(3):483—502.

[165] Venkatesh V, Davis F D, Moris M G. Dead or Alive? The Development, Trajectory and Future of Technology Adoption Research[J].

Journal of the Association for Information Systems,2007,8(4):267－286.

[166] Venkatesh V, Morris M G, Davis G B. User Acceptance of Information Technology: Toward a Unified View[J]. MIS Quarterly, 2003,27(3):425－478.

[167] Venkatesh V, Thong J C Y, Xu X. Consumer Acceptance and Use of Information Technology: Extending the Unified Theory of Acceptance and Use of Technology[J]. MIS Quarterly, 2012,36(1):157－178.

[168] Verhagen T, Feldberg F, Vanden Hooff B, et al. Understanding Users' Motivations to Engage in Virtual Worlds: A Multipurpose Model and Empirical Testing[J]. Computers in Human Behavior, 2012,28(2):84－495.

[169] Verplanken B, Aarts H, van Knippenberg A, et al. Habit Versus Planned Behaviour: A Field Experiment[J]. British Journal of Social Psychology,1998,37(2):111－128.

[170] Vroom V. Work and Motivation[M]. New York: Wiley,1964.

[171] Wagner I. Participation's Effects on Performance and Satisfaction [J]. Reconsideration of Research Evidence,1994,19(2):312－330.

[172] White R W. Motivation Reconsidered: The Concept of Competence [J]. Psychological Review,1959,66(5):297－333.

[173] Woodside A G, Frey L L, Daly R T. Linking Service Quality, Customer Satisfaction, and Behavioral Intention[J]. J Health Care Mark,1989,9(4):5－17.

[174] Worsch C, Heckhausen J, Lachman M E. Primary and Secondary Control Strategies for Managing Health and Financial Stress Across Adulthood[J]. Psychology and Aging,2000,15(3):387－399.

[175] Yeung P, Jordan E. The Continued Usage of Business E-Learning Courses in Hong Kong Corporations[J]. Education and Information Technologies,2007, 12(3):175－188.

[176] Yi M Y, Jackson J D, Park J S. Understanding Information Technology Acceptance by Individual Professionals: Toward an Integrative View[J].

Information & Management,2006,43(3):350－363.

[177] Yi Y. A Critical Review of Consumer Satisfaction[J]. Review of Marketing,1990,4(2): 68－123.

[178] Yu J, Ha I, Choi M. Extending the TAM for a T-Commerce[J]. Information & Management,2005,42(7):965－976.

[179] Zhang S, Zhao J, Tan W. Extending TAM for Online Learning Systems: An Intrinsic Motivation Perspective[J]. Tsinghua Science & Technology,2008, 13(3):312－317.

[180] 约瑟夫·派恩二世,詹姆斯·H.吉尔摩.体验经济[M].北京:机械工业出版社,2002.

[181] 阿马蒂亚·森.以自由看待发展[M].北京:中国人民大学出版社,2002.

[182] 艾瑞咨询研究报告[EB/OL].艾瑞咨询网(http://report.iresearch.cn/),2012－11－10.

[183] 白长虹,范秀成.基于客户感知价值的服务企业品牌管理[J].外国经济与管理,2002,24(2):7－13.

[184] 陈明亮.客户重复购买意向决定因素的实证研究[J].科研管理,2003,24(1):110－115.

[185] 陈文波,黄丽华.组织信息技术采纳的影响因素研究述评[J].软科学,2006,20(3):1－4.

[186] 郭红丽.顾客体验管理的概念、实施框架与策略[J].工业工程与管理,2006,(3):119－123.

[187] 姜雁斌.交易成本视角下的包容性发展促进机制及其对社会满意度的影响[D].杭州:浙江大学,2012.

[188] 李怀祖.管理研究方法论[M].西安:西安交通大学出版社,2004.

[189] 刘文雯,高平,徐博艺.企业信息技术采纳行为研究综述[J].研究与发展管理,2005,17(3):52－58.

[190] 鲁耀斌,徐红梅.技术接受模型及其相关理论的比较研究[J].科技进步与对策,2005,22(10):176－179.

[191] 鲁耀斌,徐红梅.技术接受模型的实证研究综述[J].研究与发展管理,2006,18(3):93－99.

[192] 马庆国.管理统计—数据获取、统计原理、SPSS工具与应用研究[M].北京:科学出版社,2002.

[193] 马斯洛.动机与人格[M].许金声,等译.北京:华夏出版社,1987.

[194] 闵庆飞,刘振华,季绍波.信息技术采纳研究的元分析.信息系统学报,2008,2(2):1-10.

[195] 盛玲玲.移动商务用户继续使用意向研究——基于感知价值的分析[D].杭州:浙江大学,2008.

[196] 特里·A.布里顿,戴安娜·拉萨利.体验:从平凡到卓越的产品策略[M].北京:中信出版社,2003.

[197] 王玮.信息技术的采纳和使用研究[J].研究与发展管理,2007,19(3):48-55.

[198] 许冠南.关系嵌入性对技术创新绩效的影响研究[D].杭州:浙江大学,2008.

[199] 亚伯拉罕马斯洛.人类激励理论[M].北京:科学普及出版社,1943.

[200] 姚明霞.福利经济学[M].北京:经济日报出版社,2005.

[201] 张楠,郭迅华,陈国青.信息技术初期接受扩展模型及其实证研究[J].系统工程理论与实践,2007,27(9):123-130.

附　录

网络购物在线服务使用研究调查问卷

尊敬的女士/先生,您好!

本问卷是浙江大学管理学院信息技术与价值网络小组进行的一项采纳网络购物服务的研究。只要您有过网上购物和现实购物的体验,您就能够帮助我们开展研究(网上购物是指利用淘宝、京东等网络手段购买相关生活、生产用品的商业活动)。文中所有问题回答均无对错之分,请您根据贵企业的真实情况进行填写。若有某个问题所提供的选项未能完全表达您的意见时,请勾选出接近您看法的答案,或给出您的理想答案。您的回答对我们的研究内容非常重要,烦请您花几分钟时间真实、完整地填写本问卷。本问卷仅用于学术研究之用,所获信息不会用于任何商业目的,请您放心并尽可能客观地回答。

浙江大学课题组

一、基本信息(请在空格上填写相关信息,在对应的"[ ]"上打√)

1	请问您的性别:[1]男　[2]女
2	请问您的年龄:[1]20岁及以下　[2]21－25岁　[3]26－30岁　[4]31－35岁
3	您连续使用网络购物等的年限?(连续使用是指在平均每月至少使用一次) [1]1年以下　[2]1－2年　[3]3－5年　[4]6年
4	您平均每年网络购物的花费?　大概＿＿＿＿＿＿＿＿元
5	您平均每年购物的花费?　大概＿＿＿＿＿＿＿＿元

二、请您选择以下一项您最经常使用的网络购物服务提供商。(单项选择)

[1]淘宝 [2]天猫 [3]京东 [4]苏宁 [5]国美 [6]亚马逊 [7]当当 [8]其他________

三、体验差距(请依据您对相关描述的同意程度,在对应的分数上打√)

以下题项中1~7的分值表示从不同意向同意依次渐进,请在相应的框内打√(1表示非常不同意,4表示中立,7表示非常同意)		低———————高						
在过去几年的使用中,与现实的逛街购物体验相比								
体验差异	使用该服务后,我发现网络购物比我预期的好	1	2	3	4	5	6	7
	网络购物服务的服务水平比我预想的高	1	2	3	4	5	6	7
	总的来说,我对网络购物的相关服务的预期基本上都实现了	1	2	3	4	5	6	7
在过去几年的使用中,与现实的逛街购物习惯相比								
习惯差异	使用网络购物的过程中,能够保证我原来的购物习惯	1	2	3	4	5	6	7
	我觉得网络购物很自然	1	2	3	4	5	6	7
	我觉得网络购物和以前逛街购物没什么差别	1	2	3	4	5	6	7
	我觉得网络购物在很大程度上改变了我的习惯	1	2	3	4	5	6	7
在过去几年的使用中,与现实的物品相比								
功能差异	使用网络获得的物品在质量预期上不存在差距	1	2	3	4	5	6	7
	使用网络获得的物品在性能预期上不存在差距	1	2	3	4	5	6	7
	使用网络获得的物品在外观预期上不存在差距	1	2	3	4	5	6	7
	使用网络获得的物品在整体感觉上不存在差距	1	2	3	4	5	6	7

四、网络购物使用意向(请依据您对相关描述的同意程度,在对应的分数上打√)

使用意向	使用意向1~7依次表示从非常不同意向非常同意过渡	低———————高						
	我打算长期使用这类网络购物服务	1	2	3	4	5	6	7
	我准备继续使用网络购物服务,而不去使用其他替代服务(如实体店购买)	1	2	3	4	5	6	7
	在接下来的日子里,我会一直使用这类网络购物服务	1	2	3	4	5	6	7
	如果可以再进行选择,我还会大量使用网络购物服务	1	2	3	4	5	6	7

五、用户满意

用网络购物服务的总体评价是:1～7依次表示从消极向积极过渡		低——————高						
总体而言,我们认为网络购物的体验:								
用户满意	1代表很不满意,7代表很满意	1	2	3	4	5	6	7
	1代表很不高兴,7代表很高兴	1	2	3	4	5	6	7
	1代表很失望,7代表很开心	1	2	3	4	5	6	7
	1代表很糟糕,7代表很愉快	1	2	3	4	5	6	7
	1代表很不明智的决定,7代表很明智的决定	1	2	3	4	5	6	7
	1代表很不正确的决定,7代表很正确的决定	1	2	3	4	5	6	7

六、娱乐性

总体而言,我认为网络购物(请依据您对相关描述的同意程度,在对应的分数上打√)

娱乐性	使用意向1～7依次表示从非常不同意向非常同意过渡	低——————高						
	有意思的	1	2	3	4	5	6	7
	这个过程是快乐的	1	2	3	4	5	6	7
	过程是让人感觉舒服的	1	2	3	4	5	6	7

七、有用性

总体而言,我认为网络购物(请依据您对相关描述的同意程度,在对应的分数上打√)

有用性	使用意向1～7依次表示从非常不同意向非常同意过渡	低——————高						
	能够更快地获得我想要的商品的展示	1	2	3	4	5	6	7
	能够得到更多的产品的比较	1	2	3	4	5	6	7
	在个人生活中是相当有用的	1	2	3	4	5	6	7
	能够更快地提升我的购物效率	1	2	3	4	5	6	7

八、易用性

总体而言,我认为网络购物(请依据您对相关描述的同意程度,在对应的分数上打√)

易用性	使用意向1～7依次表示从非常不同意向非常同意过渡	低——————高						
	学习网络购物是简单的	1	2	3	4	5	6	7
	在购物过程中的互动是简单明了的	1	2	3	4	5	6	7
	我觉得网络购物非常简单	1	2	3	4	5	6	7
	我很快就非常擅长于通过网络进行购物	1	2	3	4	5	6	7

问卷已结束,感谢您的支持!

图书在版编目(CIP)数据

模拟现实服务的虚拟服务技术继续使用意向研究 / 项益鸣著. —杭州：浙江大学出版社，2019.8

ISBN 978-7-308-19467-9

Ⅰ.①模… Ⅱ.①项… Ⅲ.①虚拟技术—研究 Ⅳ.①TP391.9

中国版本图书馆 CIP 数据核字(2019)第 181853 号

模拟现实服务的虚拟服务技术继续使用意向研究

项益鸣 著

责任编辑 石国华

责任校对 沈巧华

封面设计 刘依群

出版发行 浙江大学出版社

(杭州市天目山路 148 号 邮政编码 310007)

(网址：http://www.zjupress.com)

排　　版 杭州星云光电图文制作有限公司

印　　刷 虎彩印艺股份有限公司

开　　本 710mm×1000mm 1/16

印　　张 10

字　　数 200 千

版 印 次 2019 年 8 月第 1 版 2019 年 8 月第 1 次印刷

书　　号 ISBN 978-7-308-19467-9

定　　价 38.00 元

浙江大学出版社市场运营中心联系方式：0571-88925591；http://zjdxcbs.tmall.com